谨以此书献给我的咨询者们

你们让我懂得敬畏

理解，不是认同。

不理解，亦留白。

灵魂摆渡人

重口味心理咨询实录

朱佳

/著/

文汇出版社

图书在版编目 (CIP) 数据

灵魂摆渡人：重口味心理咨询实录 / 朱佳著. —
上海 ： 文汇出版社, 2016. 10
ISBN 978-7-5496-1870-5

Ⅰ. ①灵… Ⅱ. ①朱… Ⅲ. ①心理咨询 Ⅳ.
① B849. 1

中国版本图书馆 CIP 数据核字 (2016) 第 230168 号

灵魂摆渡人

著　　者／朱　佳
责任编辑／戴　铮
装帧设计／天之赋设计室

出版发行／**文匯**出版社
　　　　　　上海市威海路 755 号
　　　　　　（邮政编码：200041）
经　　销／全国新华书店
印　　制／北京毅峰迅捷印刷有限公司　　010-89581657
版　　次／2016 年 11 月第 1 版
印　　次／2016 年 11 月第 1 次印刷
开　　本／710×1000　1/16
字　　数／170 千字
印　　张／16

书　　号／ISBN 978-7-5496-1870-5
定　　价／35. 00 元

序

舒乙

6年前我为朱佳的处女作《低俗小说》写过一篇小序，在《序》中我曾说过这样的话：

一、她的小说很好看；

二、她的小说很现代；

三、她是一位有前途的作家。

我很高兴，我的话没说错。

6年之中，我和朱佳只见过两三次面，但通信多次，知道她还在写。有时也得到她寄来的一两篇稿件，很欣赏她的文字，认为大有进步。

没想到，最近忽得她寄来的一大本书稿，嘱我为这本书稿写序。我读后大为惊讶，进步真大！

一边读一边有些思绪涌入脑内，杂七杂八。于是突生妙想，干脆将这些想法记下来，供读者参考，也叫一篇《读感》吧。

不愧是心理学家——深入到个人的内心深处

朱佳是心理咨询师，是公开收费的那种职业心理师，是绝对新兴的行业的操作人，而且是科班出身，有专业知识，又是女性。这种身份让她占有特别有利的地位，可以知道许多人的私密。那些平常都难以启齿，不肯向外人吐露的（秘密），她都知道，不光知道，还得和人家互动，提供一些解决问题的思路，去解难。

这种心理咨询师不好当，必须有高智商；必须有非常敏捷的思维，能迅速开动脑筋；必须具备马上发现问题，解决问题的能力。这种能力并非人人具备。在大学能门门考一百分的，不见得能胜任此种职业。这种关于能力的培养教育恰恰是教育最大的和最高的标准。可惜，眼下的应试教育并非以此为目标，白白浪费了许多教育资源，并且不知道让多少青春年华付之东流了，最后绝大部分学子成了不能创新的"知识"分子。

朱佳是个例外。

所以她能开心理咨询所，而且有了威望，开得下去，越开越火，不简单。

也正因为这样，只有她，才获得了许多秘密，那些别人内心深处的秘密。

这要把它们写下来，岂不是好看得不得了吗？

小说也好，散文也好，就是写人的，写人的行为，和支配行为的思想。

偏偏朱佳有得天独厚的条件，许多人主动来找她，敞开心扉向她吐露心声，不是一个两个，是一大堆人，这还了得，哪个作家有这么好的条件？只有她有。

她非成作家不可！

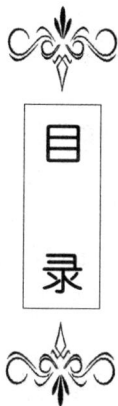

目
录

第三章　一半似水流年，一半此间少年

目录

第四章　一半是男人，一半是女人

目录

第五章　一半在尘世，一半在心怀

后　记

第一章

一半是火焰，一半是海水

1. 上帝救自救之人

那是 2009 年的夏天，林恳刚刚 5 个月大。

中午，天色阴沉，暴雨前的闷热。阿姨做好饭菜回家了，我抱着林恳，独自在家等先生回来。

手机响了，是陌生号码，一个略显沙哑的声音问我是不是咨询师，听上去是个年轻姑娘，莫名的激动。她说，她在一条河边，准备自杀，"不过，死之前想再跟一个人说说话。"

身为职业心理咨询师，我知道危机干预的特殊性，它不同于日常开展的心理咨询，有很多禁忌和注意事项，好在一些基本技术是相同的。

情况紧急，不容我犹豫，只有知难而上。我没有急于阻止和开解她，而是先给予关注和理解，安抚她的情绪，询问她叫什么名字。她告诉我叫小忆，随后她的情绪稍微稳定了一点。

电话中，她反复说"我不配活，我跟人睡过觉"，我觉得那话语里除了自暴自弃，还有挑衅的味道——并不是针对我，而是对自己，对想象中的生活和命运。

　　我表示愿意现在就听她详细说说情况，因为在不清楚情况之前，给任何建议都是不负责任的——"既然要了解情况，就需要面对面交谈，所以，你要先告诉我你在什么地方，我会立刻出发去见你。"

　　如此这般，她渐渐平静下来，说自己不是本地人，不认识路。我让她看看附近有没有路牌，她找了一会，说看到一个"五台山大桥"的牌子。

　　我估摸着她应该在古运河边那儿，于是叮嘱她在原地等我，我会尽快赶来。挂了电话，抱林恳的手有些麻了，也才有工夫体会一直按捺住的紧张。

　　经过交谈，我大致判断出她不会马上付诸行动。

　　自杀前对外求助的，往往没有形成坚定的意愿，意识里还是恋生的，还希望能有人关注自己，让自己找到活下去的理由，哪怕是陌生人——有人拉一把就活了，没有这个人出现，可能真的会绝望，走绝路。

　　我知道我必须去，除非天塌下来。一来，人命关天，不能爽约；二来，不算那么高尚的想法：既然找上我，人总不能死在我手里。

　　原本是平静的一天。

　　怀孕期间因为保胎我减少了咨询量，新的咨询者有选择地接，老的咨询者了解我的情况也很体谅。出了月子，我维持先前的状态，基本以长期咨询者为主，尽量不耽搁咨询进度，不过咨询场所暂时从咨询中心改到家里。

　　林恳出生后，因为母乳喂养不能离身，全是我带。那之后，我抱着儿子边喂奶边咨询（女性咨询者）的场景稀松平常，他常常喝着喝着就睡着了。等睡得沉了，我便把他放在身边的沙发上。

　　有几个咨询者是看着林恳长大的，至今还有人会跟我回忆他婴儿时的憨态。

　　那个时期，"妈妈"对于我来说是个陌生的新角色，从零开始，一路摸索。同时，我还负担着一份有压力的工作，承担着很多人的信任与希望。所以，我非常焦虑。

　　这天中午，我原先只是个抱着孩子，等先生下班回家吃饭的主妇，平平常常，忽然被化身为拯救世界的超级英雄——这样的突发情况，实在称不上喜闻乐见，如果不是命运找上我，我恐怕不会去惹麻烦。

　　就在这时，先生顶着瓢泼大雨回到家，我简单说了情况。中午饭是吃不成了，我抱上林恳，先生开车，一家三口在雨中直奔古运河。

　　中途我打了报警电话，派出所安排片区民警和我电话接头。出于保密原则，咨询者的情况不可随意泄露，眼下是保密例外，涉及人身安全的要在可控的最小范围内公开。

　　警察的态度见怪不怪，就像医生开刀不眨眼，就像我听见性变态不会皱眉一样。事实上，我也不能肯定会顺利找到小忆，甚至可能是一场恶作剧。总之，我跟民警说好，他们赶过来后，悄悄在河边观察，等我的后续消息。

一路上，我先给林恳喂奶。依偎在妈妈怀里，他很安静。

看着车窗外模糊的雨景，我想，还是小孩子好，饿不着，也不会有这些现世的痛苦挣扎。他不知道，爸爸妈妈大中午的饿着肚子顶风冒雨抱他出门实属无奈。

我不知道，这一趟出门，等待我的是惊天动地、一波三折、皆大欢喜，还是爱莫能助、徒劳无功，又或者莫名其妙、荒诞不经。

运气不错，快到地方时雨小了。

我撑着伞，边回拨刚才的号码，边往河边寻过去。

小忆接了，接得很快，口气像是热切盼我来。我们在电话中核对了半天方位，选了河边对街一栋建筑物的门口。

到了那里，我让先生联系民警，我则下车，等着她。

经过漫长的几分钟后，小忆出现了。

我微微有些吃惊——这么说，因为我掩饰得很好，没有显得大惊小怪。

她和我想象的完全不同。想象中的她，应该是消瘦而神经质，披头散发那种——但是逻辑的左脑和艺术的右脑合伙捉弄了我。

眼前的小忆，只有 20 岁上下，个头不高，非同寻常的胖，头发剪得很短，短到没有发型可言，似乎是敷衍和潦草的结果，身上套着一件圆领白 T 恤，下面是牛仔裤。说句良心话，她毫无女性色彩可言。

最特别的是，她拉着一个箱子，还背着一把吉他，说不清这给她添了颓废的艺术气质，还是潦倒的流浪色彩。与她有些怪诞的外表对应的，是她胖胖的脸上那引人注目的哀伤。

这是种少有的哀伤，不是文学和诗意的，是心理和精神的——混杂着不安、自卑、孤僻、多疑、消沉、无望、冷漠、抑郁。此外，还有提防和戒备，执拗和倔强。

约定的这栋建筑物，以前是家低档的休闲场所，现在看来像被废弃了，大门洞开，一层有圆形的厅和向上延伸的楼梯。外部装修陈旧过时，里面散落着垃圾，似乎还有人曾经光顾，或留宿过。

外面还在下雨，我邀小忆进来。她一边掏出香烟点着，一边走进来。我们就在这栋破败的建筑里开始了对话。

我试着和她交谈，先从吉他说起。她打断我，说自己不会弹，到处背着它只是因为觉得安慰。我顺着她说，是不是这样有安全感……聊了一会，并不算投机，也没有切到正题，我已经对她有个大体印象。

看起来小忆的表达很混乱，但不像精神病症状，可能主要是情绪所致。她让我想起那种小孩子，渴望获得爱，渴望与人交往，渴望受到关注，但本能地抗拒、逃避，举止别扭。

按照舒茨的人际关系三维理论，小忆属于被动情感式，期待他人与自己亲近，但自身显得冷淡，负性情绪较重。

这大多源自童年期的人际需要是否得到满足，如果小时候得不到双亲的爱，经常面对冷淡和训斥，长大后就会出现低个人行为，比如表面友好，但情感隔膜，常常担心不受欢迎，从而避免有亲密关系。

不知她为什么有现下的表现，才这么年轻，我相信她是遭遇了些什么。

正说着，民警来了。小忆先是讶异无措，而后像刺猬一样把自己包裹起来，抵触，敌对。

民警解释说，有人报警，他们当然要出警。我心照不宣地帮衬：一定是有人见她在河边徘徊，感到担心，所以报了警。

小忆勉强接受了这个说法，但情绪又激动起来，声音也大了，又开始抛出她跟人睡过觉这样的"惊悚"内容。

民警见惯阵仗，也有些犯难，顾左右而言他地劝说。

我想跟她多聊几句，但她注视着空气，执拗地说："我跟人睡过觉！我跟人睡过很多次！我不是个好人！我都这样了，活着还有意义吗？"说完，挑衅地怒视着我。

这些话也许是事实，但过分简单含糊，包含大量的未知成分（随便推想，都有八九种可能性），需要予以澄清，使之具体化，才可能给予有针对性的帮助。好比中医的望闻问切，总要了解症状之后才能对症下药。

眼下全无天时地利人和，民警又候着，看她满脸怨愤，起劲地跟我对抗（那是活得不好还愿意活着的兆头），我决定暂且放下。

稍事安抚后，我说："希望你先冷静下来，不要轻言轻生，我想了解你遭遇了什么，但显然三言两语说不清。如果你愿意，我可以请一位记者，另约时间（也是缓兵之计）详细采访你的故事，化名登载出来，也听听读者的反应。"

她沉默了片刻，同意了。

"另外，接了你的电话，我们全家饭都没吃，抱着几个月大的孩子赶过来，现在还等着（指着外面的车给她看），时候不早了，先生下午要上班，希望你能体谅。"

我这么说着，小忆瞪大眼睛听着，反而冷静了一些，不再发泄，还向我道歉，表示感谢。然后她跟随一个警察去做笔录之类，我和另一个警察简要地交流后离开。

对痛苦的人，要理解，要倾听，也要遵照现实原则，让他了解他人的难处，他人的付出，他人的自我——这是把他当作一个正常的、有善意的、能理解的人看待，他自然会管理自己，拿出正常的行为反应。

如果他做不到，正好帮他领会自我与他人的界限，帮他客观地看待世界，摆正心理位置。

这样的人常常会放大危险，并只关注个人的心理感受，逐渐与现实脱节，孤独地困在心理牢笼中。如果一味把他当弱者、病人，反而会遏制他的能力，限制其成长，致使他安于糟糕的现状，乐得做个弱者，当个病人。

是的，这些角色有好处：可以理所当然地避免成长的阵痛，蜕变的艰辛；可以问心无愧地不去承担责任，不去面对人生；还可以要求他人无休止的包容、照顾（所以他们的人际关系常常不良）——如果别人做不到，自己就有理由怨天尤人。因为，自己很惨，自己有病。

暴雨停了，乌云还未散，天凉快下来，雨后清凉略带腥味的空气进入鼻腔里。林恳没有醒，乖乖真乖。

我跟先生说，一个人对自己负责，就是对他人负责，管不好自己，就会给他人带来痛苦、麻烦。

回到家，热菜吃饭。

下午，我联系了庆萍。她是晚报记者，负责一版情感故事专栏，彼此很熟悉。庆萍心地好，为人真诚，我放心她。

至于为什么采写小忆，因为她需要被人关注，这会使她有活下去的动力。同时这个栏目每期登载部分读者的读后评论（通常是正面的），我也希望小忆看看，别人怎样看待她的遭遇，这会使她有活下去的勇气。

庆萍很快找到了小忆。不久，庆萍打来电话，她的语气很沉重。

小忆的经历确实特殊。

年幼的她，被儿女众多、经济窘迫的父母送人，7岁时又因养父母婚姻破裂被送回生父母身边。其后她被视作累赘，不是不闻不问，就是连打带骂，连学费都不愿为她负担。先后两次被抛弃的经历已难以承受，10岁时她又横遭不幸——村里一个四十多岁的医生强暴了她。

父母知道后，只表现出冷漠、羞辱和责骂。无助的她无力反抗，不敢声张，只得继续受侵扰，这样的伤害直到她13岁时离家出走才告终。

独自闯荡世界的小忆来到扬州，在一家企业落脚，整天在车间里埋头干活。进入青春期的她变得阴晴不定，喜怒无常。

一位大姐注意到小忆，对她照顾有加。她也渐渐接受了这份善意，打开心门，告诉对方自己所有的不幸。

大姐同情她，劝慰她，包容她，她却在依赖中忽视了对方的感受，甚至无视对方的立场，经常肆无忌惮地发泄自己的情绪。

一次，大姐遇到一些烦恼事跟她诉苦，处在抑郁中的她却恶语相向，口出污言……寒了心的大姐悄悄离开工厂，离开扬州，无论追悔莫及的小忆怎样联系她，她都沉默以对。

失去了精神依靠，小忆像抓住救命稻草一样，把心寄托在另一个人身上。这是个憨厚本分的男孩，也是她的一个工友，同样关注到孤独的她，被她的与众不同所吸引，执着地追求她。

对爱情的向往和对男人的恐惧，使小忆怀揣着复杂的心绪和他交往——想谈一场轰轰烈烈的恋爱，却不愿再和男人有亲密之举。

终于，男孩恼怒地说："你不像女人！你有毛病！"被刺伤的她夺门而出。

雪上加霜，小忆陷入了抑郁中，无法自控，求医问药也只能缓解一时。濒临崩溃边缘，她动手误伤了在工作中一向关照自己、维护自己的组长，当即被辞退。

第二天，19岁的她带着行李走到古运河边。当初她常常和大姐或男友来这里，因为舍不得买门票进公园，这就是属于他们的免费美景。呆呆地望着河水，很久之后，她拨通了我的电话。

小忆是让人痛惜的，这毋庸置疑。但对很多人而言，她的心境可能不易被理解，行为更不可理喻。

　　我不能说我理解小忆的感受，反而应该说，我无法想象她遭遇的一切，也不愿去想象——再好的共情能力（设身处地地理解），在残酷的客观事实面前也会显得单薄无能。但所有的来龙去脉，在我用理智看来一目了然。

　　被抛弃和被侮辱的童年，给小忆留下了无法痊愈的创伤，粉碎了她基本的安全感、自信和他信，更不必说学习如何正确表达自我，如何与人和谐相处了。

　　她从未拥有过一段稳定的、有安全感的人际关系，这使她极其渴望被关注、被爱，因此容易把某个关心自己的人当作精神依靠，或过早地投身于爱情。

　　可是，即便她获得了友情、爱情，人际关系的无力与低能，也使她无法与对方建立稳定、有益、互惠的关系，反而常常会破坏它，伤及他人，最终难以为继，令善待她的人们灰心失望，一一离她而去。

　　在往事的阴霾之下，小忆的心理世界阴云密布，暗淡无光，即使偶尔照进的善意也不足以照亮她的现实世界，反而浓重的阴影会更加弥漫开来，笼罩着她。

　　那些被她伤害过的善良而平凡的人，比如大姐，比如爱过她的男友，比如组长——他们不明所以，也伤透了心。他们曾经想用一己之力来承担她的生活，改变她的未来。但结果呢？

　　也许我下面的话很冷血，但我还是要说——这人即便是全世界最痛苦、最不幸者，若不振作自强，亦永无天日。她瘫倒在地，你可以背着她走，但能背去哪里，背到几时——你奈她何？

上帝救自救之人。举例来说，看起来是我阻止了小忆的轻生，事实上，是她打出的电话救了自己。

小忆需要救助，但最需要自救。

自救，是一种态度。

并非要那个人独自在深渊中苦苦挣扎，而是不要继续沉溺其中，沉沦下去。

自救有很多种：打出一个电话，向一个朋友倾诉，求助一家专业机构，走出家门来到人群中，努力过有规律的正常生活，给予周围的人善意的帮助，投入一个爱好，完成一些小事获得成就感，读一本好书后掩卷思索……

日本人森田正马创立的“森田疗法”有八字精髓：顺其自然，为所当为。不管内心如何痛苦也要坚强承受，该做的事一件都不要落下。

这个疗法主要适用于神经症，后来推及到除自知力丧失的精神病患以外的各类人群，一如其别称“禅疗法”。它本质上是一种人生哲学，对普通人亦有启迪。

接纳内心，拥抱现实——多难受都受着，该干吗就干吗的味道，绝非消极，而是真正的强者姿态。在千疮百孔的内心背景下，持续建设眼前的现实世界——终有一天，你会意识到，那些痛苦并没有击倒你，你还站在这里。

你还在，你的生活还在，你脚下的路还在，一直向前。

当然，我没有看轻这个案例的复杂性。

修复童年创伤向来困难重重，如小忆的遭遇更具难度，既要剜去毒瘤，又要消除烙印，想一想就知道不可能"除根"，但仍有办法去缓解疼痛，淡化疤痕。

其中重要的一步，是对自我的接纳。不接纳自我，是阻碍一个人告别过去，迈向未来的拦路巨石。

无论这个自我是有过失的，还是被伤害的，我们都要竭尽全力去面对，去试着安抚，试着拥抱——如果你开始能接受有错的"我"，就更要努力去接受没错而受了伤的"我"。

勇敢接纳自我的人，才可能被他人接纳，被生活接纳。

反过来，即便曾经有人深深伤害过你，他们现在统统跪地求饶，以命相抵，也不能解脱你——如果你的心还在深渊里。

希望——微弱的但顽强坚持的希望，也许是一直支撑小忆的力量：希望还有人需要自己，希望还有人值得自己需要。因为，"我们有一个地方永远不能被锁住，这个地方，就是希望"（《肖申克的救赎》）。

但希望的力量或许能让她活下去，却不够让她活得光明。

面对无助的小忆，庆萍有自己的困惑：同样普通的我们，不知如何才能真正帮她。我说：每个人都有他在世间的定位和责任，除了自己，我们没有能力去承担任何人的人生，伸出手，做些什么，就是帮助。庆萍释然了些。

我请庆萍转告小忆，我可以提供一次咨询，但我对她的帮助是暂时和有限的，她需要经过系统的心理治疗。考虑到她的经济情况，建议她寻找一家有影响的公益性质的专业危机干预中心。

她的当务之急其实是生存，我在博客上写了情况，希望有人能提供简单、临时的工作。很多人看了，有留言，但都没有实际回音——对一个要跳河的，心理不大正常的年轻女孩，大家都很同情，但没人敢招惹。

采访的最后，小忆告诉庆萍，如果将来自己有能力了，一定要经常去孤儿院，给孩子们唱唱歌，弹弹吉他（她还没学会）。

在心理上，小忆就是个孤儿。

后来，听说小忆去了外地，大姐在的地方。她带着登载出来的报纸，想找到大姐向她说声对不起，然后继续开始自己的旅程。

不知道她找到没有，找到又会怎样。

小忆没有再给我来过电话。

后来，我问过自己，对没有无偿地、持续地帮助她，我内疚过么？

我没有。每个人都要对自己负责，对自己负责就是对他人负责，包括那些你亲爱的人。

不能对自己负责，就会给他人带来痛苦、麻烦，包括那些陌生的人。

如果你想承担更多，先管好自己。如果你想帮助他人，就做分内之事。

你做的，最好是你承担得起的。

其实，人生都得自己来。

我们走的都是自己的路，都在孤身前行。

就当我自私吧。

2. 真假君子

10 月 1 号，中午，和全家人吃完饭，走出饭店，走在熙熙攘攘的人流中，我听见手机响了一声。

"今晨发现那盆含羞草竟开了一朵毛茸茸的小花，它也在庆祝国庆呢。谢谢你，小草带给我很多欣喜，顺祝国庆快乐，全家安康。"是小喵。

夏末秋初，含羞草的季节，我买了几株送给我的几个长期咨询者，小喵是其中一个。

小喵结婚一年了，还是处女。

她第一次来之前给我打了电话，那是个傍晚，在她结婚前一周。

这一通电话里，她说自己有婚前恐惧。我却听到一个乐观，有活力，有点心急却不那么紧张，还带着笑容的声音。

这不太寻常。

咨询者往往遭遇了生活的困境或不幸，内心长期积累了大量负面情绪，即便在笑，往往也是出于礼貌和掩饰，显得短促不安。但小喵的声音和表达方式给我的印象，似乎是个不拘小节，不谙世事的姑娘。

不是说她没有心事，或小题大做，相反，这姑娘倒很可能做出些自欺欺人的傻事。

接完电话，因为没感到压力，也就没有平常的如释重负，只觉得亲切和放松——我开始期待这个声音的主人。

当晚正式咨询，小喵如期而至。

她28岁，有张生动的圆脸和一双炯炯有神的眼睛，结实的胖，如果能瘦下来会是个漂亮可亲的人，但这不是她吸引人的地方——你一看见她，立刻会感受到她的活力，这种与生命力、感染力相关的气场似乎和她的体重很相称。

她很爽朗，也不刻意掩饰自己的真性情，有个性却不强势，比我想象的更鲜活。不过，她确实有点大而化之，没心没肺，心理年龄至少要小个5岁——这对实际年龄接近30岁的女性来说算不得什么好事。

我了解到，她之所以会对婚姻感到恐惧，实际上来自他。

他们领取结婚证已经近一年，一周后就要举行结婚仪式。但，从头至尾，从相亲结识到恋爱伊始，从几度分合到确定关系，从领证到筹备婚礼，他始终显得消极被动。每个阶段，他都是一副事不关己的态度，对事情的进程漠不关心，言语中别扭，行为上抵触。

　　而小喵呢，因为对方的姿态，她反而更迫切地想推进结婚这个目标，而且对婚礼的隆重程度尤其看重（这是在下意识地补偿感情本身的缺憾）。

　　根据"欲望症"理论，得不到的都是最好的。人就是这样。

　　不过，真到了最后一刻，她一直试图回避的内心的质疑声像沸水般沸腾起来，再也无法压抑，剧烈地撼动她的意志。她害怕婚礼的到来，和往常一样，她又想逃跑，但退路已断，要往前走，却像负重千斤，难以为继。

　　这还不是最要紧的。

　　小喵在第一次咨询的最后，用"又想起来一件事"那种漫不经心的味道，补充了一个细节：他们恋爱两年，最亲密的肢体接触是拉手，除了有一次对方用嘴唇象征性地触了一下她的脸颊。

　　小喵试图把原因归结为对方是个君子，其实她也知道——这么想，是想用一个正当理由自我安慰。

　　他到底是真君子呢，还是真有病，或者对自己完全没兴趣，那又为什么同意和自己结婚？小喵试着向周围的女性朋友旁敲侧击——她不好意思直接问，最终也没有得出明确的结论。

　　聪明人难得糊涂，她是向来糊涂，也就混混沌沌地继续自欺欺人。可是终究要结婚了，原先那个隐隐约约的困扰变得越发清晰。

　　她一开口，我就知道坏了。其实，只要是个有经验的成年人都能嗅出这事的不寻常。

　　一个客观事实放在面前：对方对她没有"性趣"。究其原因，可能有很多种，但结果只有一种，而且很糟。

如果她还没有领证，我可以和她讨论是否该领；如果婚礼还没有提上议事日程，我可以和她讨论是否延后。但现在，当婚宴的请柬已经发到宾客手中，除了我再没有一个人知道内情（我无权告知他人，即便看起来合理或有必要），箭在弦上，爱莫能助。

当然，我还有可做的——倾听、共情、接纳、梳理、建议、陪伴。小喵说，她感觉好多了，不像来之前那么紧张焦虑，能够沉住气面对接下来的婚礼。

婚礼设宴的酒店离我家不远，当天，我特地去看她。小喵在门口迎宾，穿着婚纱化着浓妆，像千篇一律的面粉娃娃，但白粉下还是透着一股独特的活力。

小喵身边的他，中等个头，外形整洁，笑容僵硬，瘦削的外表之下是天生的专断和强势。他态度礼貌而周到，但很不讲人情，缺少一般新郎的紧张或兴奋，好像进行的不是自己的婚礼，而是以主办方的身份在举办一项活动，应景似的应酬。

他们之间，看不出有多少交流，也并不相互交换意见。

小喵一见我有点茫然，而后认出来，还客套地邀请我参加。我简单和她拥抱了一下，就离开了。

对很多刚刚建立咨访关系的咨询者来说，我就像邮递员或售货员，总是身处某个特定的场景，离开那个环境再见到自己，无论曾经托付自己多少隐秘，也会一时认不出，反应不过来。

按照职业规定，我不去介入他们的真实生活（避免双重关系），即便在大街上迎面相遇，也会尽量避开。也许小喵留给我特别的印象，我呢，想给她一点特别的支持。

婚礼之后是蜜月旅行，旅行归来，小喵又来了。

似乎旅行本身是个正确的选择，但我们所担心的事情果然应验了——整个蜜月期间，小喵的丈夫没有碰她一下，两个人睡在一张床上，相敬如宾。

回到现实的婚姻生活里，他们依然如故，毫无起色，时间一长，连客人的待遇都取消了——他坐在沙发上，小喵过来坐下，他的屁股就触电似的弹起，往远处挪。

如果由着我的性子（我有种荒诞的幽默感），我很想怪声地喊一声"救命啊"。

救命啊。

我让小喵观察一下，她的丈夫是否有晨勃。他有，这就排除了绝对的器质性因素。除此以外，小喵能做的很少，总不能让她跳着艳舞色诱自己的新婚丈夫——这不是尊严问题，是效果问题。性是水到渠成的，你穿着多性感的内衣，石头也不会流口水。

当然，相互沟通是个办法——可是，这样自然而然的事都需要艰难的对话，又从何说起呢？何况眼下，这两个人的交谈模式，正逐渐发展成躺在一张床上互发短信。

对方已经铁了心，坚冰一样无从软化。事已至此，这桩婚姻的评估结论是"非正常"——理智的人会当机立断，感性的人会煎熬辗转。小喵不是一般人，她发挥和稀泥的宽厚性情，还乐呵呵地得过且过，对对方很少怨恨，倒也相安无事。

不知道这对她是好是坏。

有一回，小喵结束咨询离开后，我忽然没由来地感慨：这个姑娘最终会获得幸福的。老天不会让这个有如此旺盛生命力的姑娘凋零在这场枯萎的婚姻里，她应该有能力找到出路。

我是个没什么直觉的人，我做判断总是依靠经验、逻辑和事实，但那天我的预感很强烈。回家路上，我把同样的内容发了一条短信给她。

她什么时候能找到出路呢，显然她还没做好准备。我明白，时候未到，她就没有足够的动力，就没有足够的勇气和信心迈出终将要走的一步。

上次咨询结束时她告诉我，她那株含羞草养得很好，这天一早，已经悄悄地开花了。

含羞草的叶子像水杉，舒展开来好看，颜色是青嫩的绿，触碰会使它立刻受惊似的蜷缩起来。再碰，连枝都一并垂下来，奄奄一息的样子。你不管它，过一刻钟再来看，它扬着枝叶，似乎什么都没发生过。

我总想用一个不大得当的词形容它：怒放。

我喜欢它，它平凡而有生机。花也如此，淡紫色小小一球，毛茸茸的，不骄不躁，不喧闹浮华，却仰着头，开得明快。它像我们一样，遇到外力、挫折和厄运会退缩，有时仿佛快死了，过一段，重又生气勃勃。

别怕，真的，别怕，生命是这样。

3. 那些无人接纳的自我与真相

还是小喵。

一晃一年过去了，小喵始终没有做出新的决定。她像鸵鸟一样，把头埋进时间的沙子。

我不免觉得自己在这里面有些责任。

作为唯一的知情人，我是否应该直接指出方向，强烈地建议她结束这一切，以便减轻伤害，停止蹉跎。但我又明白，这是我个人的主观看法，就算正确也不足为凭。

这些念头不时影响着我，以至在咨询中流露出来。小喵也感觉到了，有一次她不大高兴地指出，我总想让她和丈夫分手。

她的指责让我一惊，恐怕我也意识到了自己在越界，"为了她好"这样的理由是单薄的。

一个咨询师应该充分地尊重、理解、接纳咨询者，虽然并不需要认同对方。我立刻道歉了，同时感谢她的直率——其实我暗暗庆幸她及时提出来，对我是个约束，也是种保护。

对咨询者正移情（简单说，就是喜欢对方）的结果之一是自己受伤。想想看，一个你关心的人向你展现他内心最深的痛苦和无奈，哪怕只和你聊两小时，之后你会闹心多久？你一定不会冷静到立刻抛诸脑后，继续无忧无虑。

心理上越靠近，就越失去保护，距离，其实是安全的保障。

同样重要的，距离可以使咨询师保持中立与客观，不会有严重的倾向性，失之偏颇。只有中肯、全面地解读，才能最大程度地帮助咨询者成长。因此，咨询过程中，咨询师不能和咨询者建立咨询以外的关系，也要秉持回避原则，不为亲友咨询。

不少初识的咨询者都会说，希望和我成为朋友，这其中不乏客套话（尤其是第一次摄入性会谈时），更多的是心理上的依赖。

我会不失时机地告诉对方，双重关系在咨询中不被允许，无论在咨询的哪个阶段，彼此真做了朋友，我也就无法再为对方咨询，无法再提供任何专业的帮助了。

其实，不难理解这种诉求，对咨询者来说，我有时比他们的家人朋友还亲——难以启齿的隐私都告诉我了，从未公开的秘密都跟我分享了，我呢，用的是这个世界上再无人会给予的态度：完整的接纳。

在我这里，有他人无法提供的安全感（当然，这不妨碍面对不那么好看的自我）。总之，我不是朋友胜似朋友，也正因为我不是朋友，才能放低自我。

对了，我也有自我。

咨询关系是一种特殊的人际关系，双方并不对等，咨询师围绕咨询者的自我工作，并不突出自己的自我。

直白地说，如果让我选择朋友，我的咨询者们几乎都不在其列。我个人对朋友的定义是比较狭窄的，我可以和很多人相处，相处得很好，但三十多年的人生里，我只认定六七个朋友——这是我个人生活中的自我。

我的朋友未必优秀，他们都曾经和我有过共同的时光，他们了解我，视我为普通人，彼此会继续下去。反过来，我对朋友们的影响不如对咨询者，我对咨询者付出的心血则超过朋友。

保持生活距离，不建立双重关系——做了多年的咨询师，我尽量小心地遵守这一条。

我想，这是为什么那么多阴暗和苦难，那么多挣扎和痛楚都没有压垮我，这是为什么我承担着很多人一生中最大的秘密和信任，还能几乎完整地接纳那些无人接纳的真相和自我。

我们不敢让一个狭隘的，喜欢轻易否定的，评头论足的人了解我们的内心，那样会毁灭我们的安全感。我们也并不需要一个主观强势，爱憎分明，全力维护我们的人来出谋划策，那样会窒息我们的自我。

所以，我们需要一个中立的、清晰的头脑，像满月时的月光一样柔和安静，或许还有点冷淡，但能照亮黑暗中的小径。

我是么？

小喵让我回到了职业正轨。之后的我，也放松下来，不再为无谓的道义伤神（要是我，自以为普罗米修斯为大众的福祉去盗天火，等于直接将自己放在太阳的烈焰下炙烤）。每个人的人生必然由他自己决定，我并不负有什么额外的责任，只需做好自己的分内事。

我和小喵的咨询关系因此更轻松、更健康。她总是说，我能精准到位地帮她总结出内心模糊的想法，这其实是"共情"能力。共情让我清楚地看到，她眼下安于现状，没有改变自己、重建生活的意愿，因而我的作用变得很有限。

我建议她暂停咨询一段时间，等到有需要时再来。无论何时，我会一直等待，随时准备。

小喵再次出现时已过了大半年，这回她带来了猛料。

电话里我就知道，一准有什么事发生。

生活还是老样子，有气无力的同床异梦，亏她生猛，活力还没被完全消耗完。她法律上的丈夫每隔两周就要出差去外地，但总在休息日出差。

有一回他忘了关电脑上的博客，正巧被小喵瞧见，进去一看，似乎里面有些非常熟悉他的朋友，彼此关系匪浅，留言含糊其辞，对话欲言又止，显得神秘莫测，而且他们还十分了解他去外地的行踪。

小喵越看越觉得，这是一群同性恋。

下载了博客里的一些内容，小喵匆匆联系了我。

看完这些似是而非的文字，我承认，我和小喵有相同的判断。男人间的惺惺相惜是罕见的，男性的朋友之道是相互拍拍打打，嘴里说"滚"，而不是含情脉脉道声"保重"。

　　这个可能性我们都曾经猜想过，只是没有证据确认。现在，蛛丝马迹连成一片，最后一块拼图似乎使隐藏的真相大白了——结合他整洁的外表，对衣着的品位和上心，礼貌而冷淡的为人，等等。

　　这个难以验证的可能性对当事人当然有冲击，好消息是，不管真相如何，反正现状不变，还排除了所有女性里他唯独对小喵没兴趣这个小概率因素，某种角度也解放了小喵——反正得不到他的爱了。

　　小喵对同性恋并不抵触，只对此感到可笑，自己竟然在和男人们争一个男人。但，当初他又为什么要同意进入无望的婚姻呢？

　　其实小喵能理解。作为一个需要在众人眼里表现正常的同性恋者，他隐瞒了实情，但没有恶意诱骗小喵，他知道结婚对自己、对对方意味着什么，他始终表现出的被动也迎刃而解。

　　小喵爱他，越得不到越想得到，宁愿蒙蔽自己的心眼，也要满足眼前的感性需要。谁，都是自己做错。

　　我无意开脱，人性总是软弱的，道德总是孱弱的，但人们理当，也必将，承担自己的作为。

　　从现在开始，这是小喵一个人的战斗。她需要正视自己，战胜自己，扛起推卸已久的责任，为人生掌舵。

　　不过战士本人，显得心不在焉。

　　人无远虑必有近忧，首先需要考虑的是长辈对抱孙子的期待。两边父母都在有意无意地提醒，这一点上小喵和丈夫心照不宣，一致对外掩耳盗铃。

小喵有时也反感丈夫在人前的虚伪，参加朋友聚会时会搂着自己的肩膀为自己夹菜，回家就天聋地哑一般视自己为无物，还不如去值班、去出差、去鬼混落得清静。

即便如此，小喵还在徘徊。按理说事情已成定局，再往前走也是死胡同，可是我又明白，不破不立的"破"，需要怎样强有力的意志。

走出迷局，得当局者来。

这一次，我仍旧让小喵暂停咨询，等她有不同意向时再来。我们都需要一个关键的节点，时间的作用不是改变，是等待改变。

我不急，生活比我们有耐心，它等得起。

又是大半年，小喵不期而至。

出乎意料，她跟父母坦白了实情，并且得到了包容和支持。

在想象中，她以为父母知情后，她要面对劈头盖脸的狂风暴雨——在结婚两年里肚子毫无动静，越来越急迫的催促让她走投无路——这终归是步死棋，只有置之死地而后生，一吐为快。

多数父母平时对受伤归巢的儿女会格外地好，还小心翼翼地不去评价。这对老夫妇不见得能理清事情的原委，却一定会坚定地保护自己的孩子。

小喵终于走到了人生的最前沿。

提出离婚，怎么离，多久能离，这是接下来的问题。小喵担心事情没那么容易，我建议她不去评论对方的性取向，只向对方的家庭陈述基本事实。

过程不必细说，虽然事到临头他失了风度不免耍无赖，好在对方的家人还算通情达理，离婚事宜在我预计的一个半月左右尘埃落定。

回到父母的原生家庭，小喵进入原来的生活，一面享受一个人的轻松自由，一面憧憬着新的未来，偶尔孤单，却不改乐观。

不出半年，她遇上了有短暂失败婚史的大宝，一个脾气憨厚、举止笨拙，但会充满奇思妙想的男生。

小喵生动的圆脸上开始有了幸福的光泽。又是半年，经过试婚（对她真有必要），这一对相互欣赏、彼此相容的年轻人举行了热闹而简朴的婚礼。这个故事，因为主角，从最初的一幕悲剧演变成如今的 出《皆大欢喜》。

小喵有一次对我说，她原来认为我是灯塔，高高在上，指引方向，后来发现我是个灯笼，虽然一路都是黑的，但这一路有我做伴，就那么一点亮，让她最终走出黑暗。

这是我听过的最美比喻：在黑夜里，摇摇摆摆的一点微光。

那天，我接到她的一条短信：看到别人在婚姻中挣扎，越发觉得当初自己真是太对了。我现在很好哦，嘻嘻，特别谢谢你陪我度过那黑暗的时光。

不谢，我是灯笼嘛。

4. 分手笑忘书

离歌是个工程师，"80 初"的小伙子，上周刚和女友栗子分手。他知道不可能再挽回，过去的五年光阴就此尘埃落定，但他还是迈不过失恋的门槛，于是来找我。

离歌和栗子从大学时代最后一年开始恋爱，栗子是南京人，毕业后留在南京工作，离歌则回到家乡。

这几年他们爱得很辛苦，但分隔两地并不是最主要的原因。栗子的父母不同意栗子离开南京，而离歌去南京发展也不现实。

毕竟，离歌的根基在家乡，所拥有的各种社会资源也在家乡。不说别的，父母早几年已经给他买了房子，如果去南京发展，眼下房价如此高昂，光房子一项就是无法解决的拦路虎，离歌也不愿再让父母负担。

于是，二人始终僵持在这个问题上无法前进，现实改变不了，也就注定了分手。

虽然离歌曾经以为栗子就是命中注定的那个人，但他还是永远地失去了她。

离歌觉得，也许面对感情自己注定是个失败者。初中时，他暗恋邻班一个女孩两年多，在毕业前夕她过生日时，他鼓足勇气给她写了封信又买了礼物，她却全部让人送还给他。

他表面装作无所谓，其实别人的窃笑深深刺激了他。从那时起，他就祈祷未来的感情不要再经历磨难，然而，失恋却与他如影随形……

眼下，离歌没心情去上班，于是请了病假。

一个多年的朋友不时过来陪他，劝导他，但他对什么都提不起劲，仿佛大病一场，甚至比生病还难过，因为无药可救。

离歌自己也知道，一个男人这样经不起挫折是多么丢人，多么惭愧的事，但他已经顾不得了。他知道现在最需要的是振作起来，他也想，但做不到。

五年的时光，难道能一句话就一笔勾销了？

离歌虽然心里早已明白最终的结局，但还在坚持。可怕的是，栗子提出分手，似乎否定了他的全部，似乎自信已经离他而去——他再也没有信心去面对任何一个女孩。

相爱五载未成正果，年少暗恋却遭拒绝，前后两次的"失恋"经历，让他觉得自己注定是个感情的失败者。

这个结论事出有因，这么想在所难免，但还是有些感情用事——比起离歌来，爱迪生更有资格说自己注定是个失败者。

既然一再失恋，我们就来好好探讨如何解读，又如何化解。

首先，两次失恋的性质不同，应当区别看待。

　　大多数人都经历过年少时的暗恋，其实任何时期的暗恋都是单向的，缺乏现实基础，因而成功几率低。你有爱一个人的权利与自由，同样，对方也有接受或拒绝的权利与自由，爱情在这一点上是公平、对等的。

　　暗恋时，我们常常自认为在感情上付出很多，期望对方最终有所回应。其实，感情的开始是自愿、自发的，爱就爱了，不需要理由，更不会以未来对方是否应允，有无回报为前提。

　　所以，被人拒绝，不意味着你不够好，是个失败者，只说明你听从了自己的内心，而她，听从了她自己的。

　　至于邻班女生的做法，我想还有更好的选择，但我又如何责备一个 15 岁的女孩呢？回望自己的中学时代，面对男生的好感，也有几桩含糊其辞，乃至狼狈不堪的往事。

　　事关"拒绝"实在很难对应完美，遗憾的是，她的处理方式没能妥善地保护他的尊严，这给他留下了一片阴影，让他日后面对感情挫折的态度不免消极。

　　成年后的离歌，遇到栗子，投入了一段真实的感情。五年的时光，不论好坏都无法一笔勾销，他们曾经憧憬未来，却碍于客观因素，也囿于主观意愿，最终画上了句号。

　　事已至此，不必我多言，离歌自己已经确认结果，无力回天，那其实也说明了一个客观事实：彼此不合适。

　　热恋是强烈的情感过程，反过来，失恋同样强烈。毋庸置疑，失恋包含大量的负面体验，"仿佛大病一场"，但它还有一个属性，那就是每个人都可能遭遇，没有人能绝对幸免。

　　失恋既是寻常之事，随之而来的种种不良情绪实属正常。感觉整个世界坍塌，生活跌入谷底，一切都已失控，再也无法恢复或者重新开始——这样的感受并不罕见，但认定这一切都将持续下去，只会让处在低谷的情绪失分更多。

　　合理的认知就好像心理的免疫力，能帮当事人度过心理危机，情绪止损。

　　就是现在，离歌要告诉自己：我的感受糟透了，但这些反应都很正常，我要花一段时间——大概两三个月——让自己慢慢复原。

　　试着合理地看待失恋（这固然不会使你立刻兴高采烈），它造成的伤害会减小，你的情绪会逐渐平复。

　　接下来，还有什么角度可以帮到我们？

　　恋爱是为了什么？为了收获一份美好的爱情，找到一个相伴一生的爱人，对未来充满憧憬和信心。失恋则意味着失去了一个不适合自己的人，确认了一段不能继续的感情，结束了未来可能发生的痛苦与伤害——你真的认为，这是一个100%的坏消息？

　　人们对失恋还有一个看法：一段恋爱失败了，前面所做的一切努力都白费了。这么看也有道理，但不完整。

　　如果你不经历一段恋爱，你怎么知道它会不会成功？如果你不去和一个女孩相爱，你怎么知道能不能和她一直相爱？如果你不真正爱一回，你怎么知道爱是怎么回事，什么滋味？

　　感情画上句号，你却亲历了个中五味，生命从此丰富。

归根结底，生命是种体验，没有的买不来，拥有的丢不掉。当然，生命的滋味少不了苦涩。

失恋会带来一大堆讨厌的感觉，其中一项是：我被否定了。是的，失恋会让人自卑，感到前所未有的挫败，所以离歌说"似乎自信已经离我而去"。

对把成功放在第一位的男性来说，这犹如一场灾难，让离歌就此一蹶不振。如此感觉没有对错，这般情绪情有可原，但这么认识就单薄了点。

假设有个姑娘深爱着你，终于有一天她向你表白。可是流水无情，你对她一点也不感兴趣，你会因为感动接受她么？你当然会拒绝。

她一定会非常失落，她可能像你一样，认为自己没有被选择，就等于你否定了她的全部，她再也没有了自信等等——想一想，都觉得沉重。如果，每个爱着你，但你不爱，或不能爱的人都认定你是在否定她，更有甚者，认为你应该为她的挫折感负责，难道你甘心认账？

离歌觉得整件事意味着对方否定了自己，其实对方否定的只是这段感情。

而离歌自己，不也同样否定了么？

面对失恋，不管怨天尤人，还是自责都于事无补，反而会掉进心里的深渊。不如由失恋成就自己，如洗礼般涤旧迎新，如新生般破茧成蝶，在真命天子或真命天女出现前，来个华丽转身。

5. 试着离爱远一些

刚送走一位咨询者，我接到麦子的电话。

麦子问我："你的手机铃音是什么歌，我每次打来电话，听到这首曲子都会觉得非常安慰。"

我告诉她是周华健的《忘忧草》。

转入正题后，她说经过上次的咨询，自己的情绪较之前平静、稳定多了，周围人也有同样的评价。但她有种感觉，不知是否正常——她丈夫让她感到恶心。

麦子的老家在四川，丈夫是本地人，两年前他们从网恋走进现实的婚姻。为此麦子离家万里，只身来到这儿，跟随丈夫创业——从实际角度看，麦子为此付出的更多。

半年前，麦子在丈夫手机中查到一些不堪的短信和照片，说白了，就是床照。

对方是一个 20 岁出头的女孩，在工作中与他相识，他们的感情和关系也绝非一朝一夕，已经发展得很深，他甚至在外租了套一居室让她搬出宿舍，方便私会。

麦子留心配了钥匙，循着蛛丝马迹找到住所，开门看去俨然是小两口之家，里面还有丈夫的日常用物和衣物，明明白白的半同居状态。

麦子一个人站在这个不属于自己的空间里，心如刀割。

接下来，麦子用过所有能想到的办法，一哭二闹三上吊——不要批评一个女性的不理智（恐怕我自己遭遇这些，原始反应也会如出一辙），那等于否定这个性别，否认我们的人性。

麦子还说了所有她在这个情境下会说的话：我为你做了多少多少，你当初是怎么说的，现在你怎么可以这样对我，等等。但这些被证明，不仅毫无效果，而且适得其反。

上一次，麦子找到我时，已经度过了歇斯底里的阶段，开始迫于现实，冷静下来，试着寻求帮助，运用理智梳理过去，决定未来。

麦子是聪慧的，悟性很好，两小时的咨询过程里她颇有收获。

电话中，我告诉麦子，面对曾经背叛自己的爱人——恶心，这是一个人在这种情境中符合逻辑、顺应心理的反应，先视它为正常，慢慢接纳，才可能渐渐消化。

我们的枕边人，我们以为理所当然承载我们整个人生的人，和另一个人睡在一起，袒露身体，肌肤相亲，说着和自己才能说的话，做着和自己才能做的事……想一下都让人不寒而栗。

当全部的安全感彻底粉碎之后，接踵而至的是深深的厌恶与刺痛。

这是不必经历就可以达成的共情。

但是，停——"说着和自己才能说的话，做着和自己才能做的事"——不能么？真的绝对不可以么？这是谁立的规矩，道德，还是法律？

法律不能禁止和惩治这样的行为，这是人权，虽然对忠贞者来说很不幸，却实质上维护了我们所有人的权利。

道德，也许勉强算得上，但好比离婚和同居曾经是国人眼中的丑事——道德的内涵始终在不断变化、调整，还需就事论事加以评判，它也绝非真理。

以上都不对，那就是感情。这回接近了，感情不允许我们的爱人做这样的事——这感情，是自己的感情吧？

我们自己的感情不允许对方与另一个异性拥有爱或性，这多少有些不合理，甚至也不那么合情——我们参照的是自己的道理和感情，批判的却是对方的行为。

对方的行为，难道不应该依照对方的道理和感情吗？

他应该忠贞不渝，因为他是你的爱人；他应该始终不渝，因为他给过你爱情——应该——听上去多么正确，多么绝对，又多么令人窒息。

告诉我，谁绝不会爱上谁，谁绝不会离开谁，谁的心灵一成不变，谁不是有七情六欲的凡夫俗子。

如果我们，能够把自己的爱人首先看作一个人——一个普通人，一个有尊严的、独立的人，一个既高贵又卑微的生灵，一个时而分不清对错或者明知错还会做的人——这才是人，不是么？

把他看作一个人，尊重他生而为人的权利，并且，也把自己看作与之相同的另一个人，或许能够，从纷繁芜杂的感情中抽离片刻。

对方是个活生生的人，在全权主宰自己的精神，同样有权主宰自己的肉体。对于我们的背叛，其实是在忠于他自己某一刻的灵与肉。

主宰的结果有正误利弊，主宰的权利归属则毫无疑问，没有对错。

当然，全权主宰意味着对应结果的全权承担，在这一点上谁也占不到便宜，谁也不比谁更加自由。

而你呢，也一样，你的付出与忠实出于自愿，你的恶心与厌恶出于自然，因为你在主宰自己的灵与肉。

你，在主宰你自己，不因任何人，不为任何人。

你要说我太理性了，但你是不是觉得好受了些？是不是感到获得了一种相对的平静，一种柔和的力量？

的确，你现在是有力量的，从容的，可以自己决定自己的生活。更重要的是，你现在是有尊严的，不再依附于谁。

虽然贴得那么紧，我们还是要试着离我们爱的人远一些，离我们的爱远一些，离我们自己远一些——靠得太近，会看不清。

让我一天到晚听《忘忧草》，我也会恶心。不过谢天谢地，人不是冰冷的思考机器，虽然理性让我们的痛苦会减轻。

6. 当理智缺席情感

王海诚进门的第一句话，就是："两年来，我没有再和任何女孩恋爱过，虽然我知道今生我已经和她无缘。"

王海诚是酒店管理者，三年前，当他刚刚来到这个城市时，没有料到将会有一场剜心的爱情在等待着自己。

大学毕业后，他工作了一段时间，去了亲戚所在的城市。亲戚是当地一家星级酒店的副总，他凭着所学的专业在餐饮部谋了个职位。上班第一天，他就遇上了她，莲。

莲是餐厅的领班，王海诚第一眼见到她并没有什么感觉，只觉得她很成熟、很干练的样子，后来才知道她只比自己大两岁。

一个偶然的机会，同事们发现王海诚的生日和莲是同一天，就拿他们起哄开玩笑。莲很大方地替王海诚解了围，这件事反而让他对她顿生好感。

之后，几个同事一直怂恿王海诚去追莲。于是他开始用各种方法大胆追求她，直到在生日那天晚上，他捧着 11 朵玫瑰，请她做他的女友，想不到她哭了……

不久，莲搬到王海诚的出租屋里，他们开始了朝夕相处的日子。莲是技校毕业后就开始工作的，想法比王海诚成熟，也很会照顾人，那几个月他们过得很开心，生活似乎会一直这样继续下去。

第四个月，莲怀孕了。

之前他们一直说要避孕，但每回总是马马虎虎，真到了这一天，他们又都欣然接受了这个小生命的即将到来。莲说，现在，他们更像一个家了。

唯一麻烦的是，莲怀孕后反应很强烈，根本没法工作，没两个月就请了假。王海诚要上班也没法照顾她，就匆忙告诉了父母，让妈妈从外地赶来。

王海诚原想等两人感情稳定后再告诉父母，因此父母并不知道有莲的存在。结果爸爸很不悦，认为他简直是不务正业。妈妈也觉得莲配不上儿子，从一开始就不喜欢莲，不情愿照顾莲。

莲感到伤了自尊，也不肯去讨好王妈妈，每晚都在哭泣中入睡。而王海诚每天夹在其中，不知该应付哪一边。

一个月后的一天，王海诚回到家，忽然发现莲不在，原来她终于爆发了，和王妈妈大吵一架后独自收拾东西离开了。

王妈妈也气极了，扔下一句"我反正不认她"，当晚就走了。

连着一个星期，莲的电话始终关机。

王海诚疯了似的找她，终于在她的老家找到了她，原来她回到了自己的父母身边，而且已经瞒着王海诚去做了流产手术……

莲的父母对王海诚非常冷淡，似乎已经认定他是个不负责任的人，而莲则淡淡地说："你的家庭和我的家庭都不会祝福我们，也不会欢迎这个孩子的，所以咱们分手吧！"

看着脸色异常憔悴的莲，王海诚忽然感到并不心疼，也无话可说，只默默地转身离去。

就这样，他们分手了，从认识到分开，只有短短的一年。

莲很快辞职去了另一家酒店。王海诚听说她一直没有恋爱，他也没有再恋爱。

这个城市不大，两人却再没有见过面。

有时王海诚不免想，如果没有父母的反对，他和莲也许会很幸福。随着时间的推移，这样的想法越来越强烈，王海诚并不期望与她复合，只觉得造化弄人——自己已经和幸福擦肩而过。

乍一看，这是个伤感的爱情故事，两人情浓敌不过两家反对，观众不免替主角们扼腕抱憾，想象力丰富的人，或许已经在眼前浮现出封建家长冷酷、专横的形象来了。

细想想，非也。

两个二十多岁的青年，在一年时间内，上演了一幕幕让人应接不暇的人生悲喜剧——不期而遇，火热追求，缱绻双栖，意外怀孕。事情到此，如果奉子成婚则皆大欢喜，至少也走上了寻常的人生路。

然而，先前的甜蜜被怀孕后的局促全然抵消，捉襟见肘之际，对外得不到家庭祝福，更起了内乱，情势就此急转直下——事实是，这段感情看似美好，一见现实的光却速死掉。

至此，浮现出一个疑问：感情早夭，"真凶"何在？

回望过去，你也在试图找出答案——你觉得罪魁祸首是家庭的压力。也是，如果两边的家长都抱着理解和宽容，欣然接纳你们，全力帮衬你们，兴许今天你们真就是幸福无忧的一家三口。

那么，家长为什么反对呢？是因为食古不化的脑筋，还是固执己见的代沟？又或者这一切事出有因，并非无缘无故。

让我们回溯这一年光景，试着把脉络理顺一下。

从邂逅到相爱很有几分浪漫色彩，这过程无可厚非，而且让人艳羡——一段爱情的开启恰恰需要感性的碰撞，之后，纯粹感性的爱情开始进入现实，落地生根。

但是，我们能看到接下来的画面像按下了快进键："不久"你们同居，"第四个月"意外怀孕，"没两个月"王妈妈赶来，"一个月后"她离家出走，"一个星期"她做了人流手术，"就这样"你们分手了。

多么仓促的爱啊，用最短的时间完成了最多的蜕变，如何不迅速衰败。甚至，都不能冠之以"爱"，因为它从未真正根植于生活，哪里还能开花结果。

再来看看，为什么你的爱情没能扎下根——

确定恋爱后，你们没有花费时日相互了解，而是忙于品尝"恋爱果实"——迅速同居；

同居后，你们一味享受开心时光，缺少磨合，也不做长远打算；

意外怀孕前后，你们毫无顾虑，想必不曾问过自己：面对一个生命，我们准备好了么；

　　当她需要照顾，你想到向家人求援，却没有想过如何让父母接受这突如其来的一切（想获得家庭的支持，你的行为也得值得家人支持）；

　　同居关系猛然加速到"婆媳"战争，无论是谁，都没有丝毫心理准备，你的无奈、她的爆发成为必然；

　　和你一样，遇到危机，她也选择了父母的羽翼，父母纵然难以理解儿女，你们也没有互相体谅，求同存异的基础；

　　最后，小生命的消逝，意味着面临人生的关口，你和她彼此无法沟通，各自为政的现实。

　　至此，帷幕落下，结局无言。

　　如果你问我，怎样让爱茁壮？我会回答：用理性浇灌。

　　如果你问我，怎样让爱枯萎？我会回答：让理智缺席。

　　是的，后者就是"真凶"。

　　爱情是场冒险，而真正的探险家会做好充分准备，以期成功。我们的主角不然，缺少关于当前的考虑，关于未来的规划，关于自我的思考，从不三思而行，以感性随意的姿态走到哪是哪——就这样，他们那毫无保护的感情最终止步于现实。

　　造化会弄人，又有多少是我们自己咎由自取呢？

7. 欲医苦无药

春节，晚饭后，一家人围坐看电视。电话响起，我心想，希望不是咨询者，一看号码——徐大姐。

电话里，她告诉我，她相识的一个人的姐妹今天喝农药自杀了，不知道为什么事。她说，别人不晓得，她是明白的，有时候日子真难，过不下去，这时候人就不怕死了……

等等，徐大姐，你听听，有人死了，他（她）周围的人说什么——肯定说那个人傻，好好的日子不过，有什么事这么想不通要死呢？

对吧，人家都这么说，你也听到了。外人代她可惜，最难过的是她的家人，死了人就没啦，命拿多少钱都换不回来。

如果再像你，因为怕别人笑自己就要去死，那更不值了。你死了便宜谁，外人才不会负责，你死了只会害自己人。你死了，我还难过呢，就为我，你也要活，我天天巴你好，你知道啊……

挂了电话，我长出一口气，告诉我妈：是那个老想自杀的大姐，唉，我真舍不得她。

话一出口，我不由失笑。这些话，任谁也不会以为说话的是个职业心理咨询师，我敢肯定，我其他的咨询者也绝料不到我会这么说话。

三个月前，徐大姐辗转找到我的咨询中心。

徐大姐，生活在邻近城市的乡镇，四十多岁，初中毕业，家境殷实，家里一儿一女，丈夫为人本分，对她照顾有加。

当姑娘时，她先后处了两个对象：经人介绍和现在的丈夫处过一阵，分手后和另一个自己中意的男友交往，尝了禁果之后觉得对方不成器，又与前者复合，不久发现自己怀孕，而后奉子成婚。

二十多年前的往事，听上去和当下年轻姑娘会犯的糊涂别无二致。我没有狭隘的贞操观，不认为女性如此这般就算失足，身体是受人自由主宰的，不管是女人还是男人，但最好，你做的选择日后要能够自己承担。

事情就坏在怀孕时间点的含糊上。

当年，徐大姐顺理成章结了婚，糊里糊涂生了孩子。但这孩子到底是谁的呢？多年来，有时她自我安慰，也能抛到脑后安心过日子，但一想到家里唯一的男孩可能不是丈夫的骨肉，就惴惴不安，愧疚自责，觉得对不起丈夫，对不起孩子。

这个封存在记忆中的秘密，多年来不为人知。

一次在和一个熟人聊天时，她失言告诉了对方，结果这桩丑事就此在周围传开。要命的是，往事已往，后果却延续至今：作为当事人相安无事，一旦秘密被揭破，最坏的结果可能用家破人亡来形容也不为过。

　　谁也不清楚究竟有多少人听说了她的秘密，别人有什么看法，会怎样议论也不得而知。她百口莫辩，也不能去辩，本来生活安逸的她，迅速掉进重度抑郁的旋涡。

　　这个案例，难度最大的不是问题本身。徐大姐心软，厚道，待人大方，是个好人，但她的年龄、性别，背景、环境，知识水平和认识水平局限了她。

　　同样一件事，同样主动的咨询态度，如果发生在另一个对于自我和生活更有自主意识的人身上，可能情绪反应不会这么失控，应对方式不会这么无措，咨询进展也不会这么缓慢。

　　比方说，我不能跟她讲"智子疑邻""此地无银三百两"，因为她听不懂——如果我把花一秒钟脱口而出的成语变成一个三分钟的故事，她可能还是无法完全领会。

　　其实，认知流派的疗法，比如最经典的合理情绪疗法比较适用于她的问题，但这种疗法需要咨询者具备一定的理解和思辨能力。

　　在越来越多的接触中，我发现，多种认知角度，结合口语话的措辞，加上高强度的情感刺激能使她有反应，就像点穴一样。比如，心理投射使她草木皆兵，见小店老板娘没和自己笑，她得出的结论是"她晓得了"；见门口的鞋匠对自己笑了笑，她得出的结论也是"他晓得了"。

　　我问她："那什么表情才是不晓得呢？"

徐大姐老老实实地说："好像我看谁都觉得他们晓得了。"

"那人家做什么都不对啊，不笑不好，笑也不好——这就难了，该怎么对你是好呢。徐大姐你想想，恐怕是你自己的想法出了问题，你心里特别怕人知道，所以疑心生暗鬼，看谁都不对。"我这样帮她理解"心理投射"。

比如，她早先一直有自杀意向，我跟她说："你怕丢人，不想活了——等你死了，事情肯定闹大了，到时候所有人都知道了，你更丢人！就算你死了，什么都不知道了，不怕丢人，但你老公呢，你孩子呢？

"你活着，就是保护你的家人，保护你最亲的人，你现在活着比过去重要多了！你千万不能死，你死了，我都要难过。我就想啦，徐大姐来找我，我没帮得到她，我对不起她啊！

"徐大姐，不要看我比你小，我真要批评你，没有人害你，是你自己和自己过不去！人家能把你怎么样，能杀你？说你不好你就不活了，那谁想要你的命太容易了，笑你骂你就行了。你要勇敢，脸皮要厚，就是要活，就要过得好，让那些传你闲话的人看看！"

我一跟徐大姐说话，就变了腔调，一时像个絮叨的大妈，一时像个激动的泼妇。这表演其实很累。

这些话对她很有效，她听进去了，不停反复地跟自己念叨。这些话一直支撑着她。

徐大姐时常感谢我，说我救了她一命，要不是我，她已经喝了农药。她目前的状况虽然说不上理想，但还算得上稳定，可以正常生活。

来说说农药。

某个农村妇女因家庭琐事或邻里纠纷服农药自杀，送医后被救或不治的社会新闻，不时出现在当地报纸的新闻版面，占据豆腐块大小。作为读者，你我见怪不怪，熟视无睹。

调查表明，在西方发达国家，男子的自杀率为妇女的两至四倍。但在中国，自杀者有以下一些特点：

女性自杀率比男性高出 25%。中国是少数几个报道女性自杀率高于男性的国家之一（其他国家有科威特和巴林）。这一差异主要是因为农村年轻女性的自杀率高所致。

农村年轻女性的自杀率比年轻男性高 66%，但是在其他亚人群中男女的自杀率接近；农村的自杀率是城市的三倍。统计数据表明，90% 以上的自杀发生在农村，其中大多为农村年轻女性。

58% 的自杀者选择服用农药或鼠药，75% 的死者家中存放有上述毒药。人口基数和自杀比例，使中国农村妇女自杀人数长期占据世界之首。

农村、女性、农药，几乎是"中国特色"的自杀三要素。

农村妇女自杀常服用强力农药，因为在中国农村，农药很容易获得。面对自杀，城市人在考虑割腕、自缢、跳楼、投河、开煤气哪一种方式时，农村人已经走进厢房，拧开一瓶乐果。

从农村社会环境来看，在沉重的封建桎梏之下，女性往往首当其冲成为牺牲品；从群体特征来看，农村女性教育程度低、认知有限、视野狭窄，抗压能力和应对能力低下。

当一个城市女性还尚存动力和希望时，她们常常已经无力而绝望了。这是一群绝望的弱者。

自杀是中国农村女性对于人生的主要选择之一。读一读这句话，体会一下其中的荒谬和悲凉。

中国农村是一个充满矛盾的意象，既有一派恬静的田园风光，又有三五成群好事者的眼光；既有朴实好客、夜不闭户的民风，又有门户洞开、毫无隐私的习俗；既有直射在面庞上的阳光，又有上千年封建思想投下的阴影；既充盈着油菜花香，又充斥着飞短流长。

这是病态的。

那里，并非世外桃源，而是更原始的人性置于更原始的环境。

那里，至今是封建的沃土，意识的愚昧和环境的严酷相互作用，相互助长，相互滋养。身处其中，一个人自我何在，如何自处，去向何方？

那里，从来不是道德的净土。缺乏理性，使农村的"丑闻""孽情""不伦"的发生率远高于城市，甚至司空见惯，关键只在于是否"被公开"。

一件被公开的丑事，意味着你将在漫长的时间中背负所有人不分皂白、理所当然、肆无忌惮、袖手旁观、冷血无情的议论、裁判、嘲笑、唾弃、指指点点。

举个例子，如果一个女性被强奸了，那么她得到的不是同情、安慰、帮助，而是众人冷漠的好奇心，是再一次被所有人用眼光和言语"强奸"。但，如果这件事发生在别人身上，这个女性则会反过来成为强奸者。

我们，在强奸自己。

我感到不寒而栗。

徐大姐不止一次地跟我说：你不晓得，我们乡下跟你们城里真的不同。

我没有切身体会，但我多少能触摸到那东西的冰冷与残忍。

我们的农村生了病。欲医苦无药。

我无意指摘我附属的文化血统，我身处的时代社会，我的祖国和同胞，我自己也并不高明多少。万事万物都在演变的进程之中，从生到死，自弱变强，由盛及衰，唯合理接纳，耐心等待。

只是，有些改变对于时间是一瞬，对于一个生命，却是一生。

只是，徐大姐，我舍不得你。

第二章
一半是孩子，一半是成人

1. 决定现在，才有将来

白夜流火的问题是，他不想生孩子，这个想法已经在他心里盘桓两三年了，但他无法跟别人讲。

其实，他不想生孩子，是不想和自己的太太生孩子。

白夜流火已经 33 岁了，不是他不想要孩子，也不是他不喜欢孩子，他只是不愿意和自己的太太一起生孩子。他想知道自己有这样的心理是否不正常，这是他的疑惑之一。

说来话长，当年白夜认识自己的太太时，他 27 岁，她比他大半岁。

那几年白夜恋爱一直不顺。

白夜老家那地方比较传统，27 岁不算小了，他的两个弟弟都结了婚，同龄同辈的大多都有了孩子，父母整天唠叨，逢年过节他都怕回家，觉得抬不起头，压力真有山一样大。

白夜和她是相亲认识的。她是独女，公务员，她父亲做生意，家境很好，自己单独住一个两居室。很快她就带白夜回家见父母，而且一个月后就很主动地要求和白夜在一起。

白夜就搬出了单位宿舍，之后两年都是住在她的住处。当然，白夜从来没图过她家的钱，后来他们自己也买了房子。

总之，开头感觉还好，也没什么矛盾，正常过日子。

又过了半年，对方就开始跟白夜提结婚。白夜一直应着，心里其实并不情愿，到最后她父母出面质问他，他们才领了证。领证之后，又拖了一年才正式办婚礼。

白夜想，之所以同意结婚也是觉得愧对她，这么久和她在一起，耽误了人家的青春，如果最后毫无理由地分手，他也做不出这么决绝的事。

早先和她结婚时，白夜曾经以为自己爱她，现在这几年，他越来越清醒，他对她也许有亲情，但在爱情上总缺点什么——她没有让白夜觉得特别欣赏、眼前一亮的地方，也从来没有打动白夜的地方，说俗点，就是缺少火花，激情，动心，来电。

正因为白夜不爱，所以无法想象和太太生了孩子，他怀疑自己不会喜欢这个孩子。如果生了孩子就要负责任，假如他不喜欢这孩子，和她的感情又始终这样，对孩子肯定不好。

但白夜又觉得，自己想要爱情，希望孩子是爱情的结晶，是不是太理想化，太不切实际了？

白夜的太太和家人都很想要孩子，白夜的父母倒还好，大概是因为白夜的两个弟弟都生了男孩。

一个女人想要孩子完全可以理解，真实想法白夜又说不出口，只能说自己想做"丁克"。

结果就是，三年来，两个人为生孩子的事一直僵持着，现在矛盾越来越激烈，她的父母、亲友也都加入进来……中国式家庭，不说也能想象得到。

压力大，但白夜内心的想法反而更强烈了，他心里清楚，不会和她生孩子。为此，他也尽量避免和她过夫妻生活，如果有了孩子，事情只会更复杂。但他绝对没有出轨一类的行为。

唯一幸运的，去年他工作调派去了相邻的城市，一个月只回家两次。这种事别人都躲着，对白夜却是好消息，他感觉解放了，轻松了。

其实，白夜的太太还是很通情达理的，他也不觉得她随便（虽然她很快就和白夜在一起），她工作、为人都不错，相貌也有个七八十分，但白夜并不爱她。

白夜有时候听同事、朋友说到自己的老婆，他却从来没有开口提她的想法，甚至觉得自己还像没结婚一样。

白夜常常想，如果不是孩子的问题，他们之间没有大的矛盾，能一直平静地过下去。但孩子是白夜过不去的关。

今年，白夜说过要离婚，太太不愿意。白夜不爱她，不等于不关心她，也在担心继续下去，有一天还是会离婚，那时她年龄更大了想生孩子也难，自己不是拖累了她吗？她一个女人，这个年龄了再婚也不容易，不知还能不能碰上合适的人？

反过来，白夜也犹豫，假如离开她，自己能不能找到爱情，会遇到什么样的女人，也许还不如她。这也是白夜一直困扰，难下决心的原因。

昨天，白夜编了一条长长的短信想发给太太，内容比较含糊，主要是说不想耽误她，最后一句是"我真心希望你能幸福"。但最后他还是犹豫了，没有发，他始终无法做出决定。

不想生孩子的白夜，其实并不是真正的"丁克"一族，实情是不想和现任妻子一起生——他觉得自己不爱她，不想和她生孩子，而且孩子应当是爱情的结晶，生出孩子要负责，无爱的家庭对孩子却难尽责——因此，他打定主意不和她生。

如果不生孩子也能平静地过下去，可是事与愿违，她要孩子——情况复杂了，中国式的家庭内战让人不得不面对，她的年龄也无法无视，白夜不愿耽误她，想下决心离开。

我负责任地说：绝大多数人，都会出于天然的亲情疼爱自己的孩子，这和是否爱自己的配偶没有绝对的因果关系。另一方面，不和谐的家庭对孩子的人格成长，人生走向确实有弊无利。爱孩子的父母，少爱的家，这两者间的矛盾，反而更虐心。

孩子是爱情的果实么？这是比较理想的情况，客观来看，孩子是种族繁衍的结果。另一方面，爱情也只是婚姻动机之一，很多婚姻并不或不主要建立在爱情之上，比如白夜的婚姻。

因此，事无完美，不以个人意志为转移，说白夜理想化，不如说白夜在追求理想的路上。

白夜疑惑自己的念头是否正常——不愿生孩子，或不愿和自己的妻子生孩子，并无对错，这是他的权利，是自由意志，只有他有资格动摇和修改。

综上所述，白夜完全可以继续坚持不生孩子，不管出于什么原因。但，这个结论还显得有些单薄。

孩子生与不生，白夜已经打定注意，和她是否继续，他还犹犹豫豫。

先来追根溯源，回到事情的起点。

白夜觉得"和她结婚时曾经以为自己爱她"，其实不然。和她结识前，白夜恋爱不顺，年纪不小，父母着急，压力很大——她的出现解决了白夜的问题。她条件不错，和白夜发展迅速并稳定下来，白夜自然乐享其成。

不过，这不是无偿的，成本迟早要付，那就是承诺——婚姻。

从同居到领证到办酒席，三年里有两年半她在催，白夜在推。换我是她，此情此景，会细思量，慢斟酌——然而我又明白，越是得不到的，人就越想要。

其实，如此不情愿和被动已经说明，当初你就不爱她。结婚如你所说，是不想"愧对"她，道德感之下，是真心与颜面的博弈。

有时，道德与伪善只一线之隔，但我无意谴责，你用你的人生做了抵押。

幸福的家庭都是相似的，相爱、互信、合作、互谅，不幸的家庭各有各的不幸，因为少了上述滋养，犹如杂草丛生的荒地，不知会长出什么东西。

婚姻是两个人的，绑在一根绳上，你们的胜算都不高。

如果是一对有感情基础的夫妻，我会建议调整认知，继续尝试。很可惜，起初不爱她的你，也没能在后来的婚姻过程中找到"火花"。和同事相比，你从未自然而然说起自己的妻子，反而感觉自己还像单身，对调去外地工作，却发自内心地说"解放了"。

"如果不是孩子的问题，我们之间没有大的矛盾，能一直平静地过下去"，你这么想，我可不乐观。

孩子，几乎一定会出现在前方的某个站点；孩子，只是你们婚姻隐患的秋后算账。她要孩子，不仅因为想做母亲，还因为想验证爱情，想稳固生活，想做个被爱的女人。

而你，给不了。

她的年龄不小了，女性过了 35 岁，受孕几率会下降 75%。不能爱她，也不能让她做妈妈，你就别再耽搁她。她未来好与不好是未知，我们已知的是，你无法让她好。

过去没能担当，现在，命运又给了你机会。与其再次愧对，不如勇敢面对，趁一切还不太迟。

一直受制于面子、责任、道义这些又沉又虚的玩意儿，如今也该跟随自己的真心了。真心里，尚有杂念——"离开她，我能不能找到爱情，会遇到什么样的女人，也许还不如她……"

想法不怪你有，人总是在权衡利弊中活着。但以上种种，事到如今，你不觉得这是自私，是贪心么？一如你婚姻的开端，现实功利的，一路走来，得不偿失。要得太多，什么都得不到。

"我真心希望你能幸福"，话是漂亮，全在你的立场，不愿放手的她如何领受？

"决定现在，才有将来。"我会这样说。

后来白夜流火告诉我："现在我觉得自己放开了，不再纠结，确实，决定现在，才有将来。对于未来会发生什么，我不可能预知，更不可能控制，但现在我可以。我不会再拖下去，不管前面有什么我都会面对。做男人要有担当！"

2. 原生家庭的痛，新生家庭的伤

麦穗第一次来，跟我讲了一个很长的故事。

故事的原貌如下：

在我 5 岁的时候，父母离婚了，原因是父亲有了外遇。

在我最初的印象中，父亲还是很疼爱我的，好像什么都买给我，但离婚后不久他和那个女人组成新家庭，又生了一个孩子。此后 20 多年，我再也没见过他。

妈妈生性要强，一直独身，一个人就这么把我带大。她很疼爱我，但她有时会一边在我面前流泪，一边说父亲多么狠、男人多么坏。那时候我还很小，对她的话似懂非懂。等我上到中学妈妈才不再说这些话，那时我也渐渐懂事，有自己的想法了，心里很烦她的论调，既觉得她可怜，又觉得反感。

我的成绩一向很好，但高三时我和同班一个男生偷偷恋爱，最后高考考得并不理想，上了一个二本，自己也很失望。

大学生活我过得浑浑噩噩，简直可以用堕落来形容——我不断恋爱，似乎想要麻醉自己。妈妈那时已经管不了我，她也曾经去找过父亲，想让他和我谈一谈，但被父亲拒绝了。

毕业以后，在找工作的过程中，我才忽然醒悟，回到了现实，至此收敛了自己。我现在的同事们不会相信我曾经那么不羁，反过来，我的大学同学大概也不会相信我如今会中规中矩。

在朋友聚会上，我遇到了岸，后来他成为了我的先生。

岸是个稳重内敛的人，让人看起来很有安全感——初见他我就很有好感，当他提出约会，我没有拒绝。但我们真正确定关系，是在一次交谈之后。

有一次，岸向我说起他父亲在他年幼时抛弃了家庭，和我一样，他也是妈妈一手拉扯大的，看得出他很忧伤。相同的经历就此拉近了我们的距离，我们彼此很有默契地不去触动对方的伤心处，又加倍对对方温柔体贴，不到一年我们就结婚了。

婚后的生活比我想象得更顺利、平稳，我们双方的妈妈都很满意。然而结婚不久，两个老人就开始催促着我们要孩子，还用各种方法旁敲侧击。

但我一想到孩子就感到恐惧，这是种说不清的、深深的恐惧。我不知道我们是否能继续幸福下去，也不知道自己未来是否能保证这个小生命的幸福。

有一次我和他谈起，他竟然也有这样的感受。

不生孩子不可能，生孩子又无法面对，无法承担。我们还没有做好准备，或者我们不可能做好准备，我不知道是哪一种……

麦穗的故事讲完了，在我这么多年的咨询中，安全感严重缺失的咨询者之多，几乎可以用"俯拾皆是"这个不恰当的成语来形容。

究其原因，大致有两种：或者他们在幼年时曾经受到父母、他人有意无意的伤害；或者他们生长在不和谐的家庭，双亲有失败的婚姻。

原生家庭婚姻不幸，父母处理不当，势必遗祸子女，致使子女内心缺乏安全感，在青少年时期容易发生早恋、反叛，成年后则难以与异性建立稳定、互信、安全的关系。

做咨询这一行久了，有时候我觉得自己像个算命的，对方还没有具体表述，我已经暗暗打了一卦，只等应验。

这一卦，在麦穗的经历中也应验了。

麦穗目前的婚姻，看似两情相悦，实为同病相怜，相互取暖。这么做如果有效，麦穗早已和岸快乐地生活下去了，会随时等候小生命的到来。

"彼此很有默契地不去触动对方的伤心处"，实质上是在回避，回避对方的伤心处，更是回避自我，回避早年遭受的，无法弥补的心理创伤。这创伤生根在过去，却不知不觉地在如今的"幸福生活"中破土、发芽、生长……

逃避绝非解决之道，不然何须再逃。要消弭伤害，先得直面伤害。

说到这里，我们要了解两个概念："原生家庭"和"新生家庭"。前者指自己出生和成长的家庭（父母的家庭），后者指自己组建的家庭（子女的家庭）。

我们总是先后生活在这两个家庭中，故而二者的关联尤为重要。前者的气氛、传统习惯、互动模式、角色定位、学效对象等，都会如影随形，进入后者，影响我们在婚姻家庭中的表现。

我们往往身负未解的结，往事未往，留待"秋后算账"。

这么看，不是鼓励将问题归咎于原生家庭，而是鼓励当事人去正视它。

有时我们会发现，上一代的问题犹如"遗传"在下一代重演，甚至有人称其为"诅咒"。这其实就是原生家庭的遗留问题，伤痛未必重演，但会不自觉地被继承。

若以此理论来解读麦穗，至少可以看出以下几点：

1. 择偶满足了麦穗原生家庭中未了的情感需求——"他是个稳重内敛的人，让人很有安全感"；

2. 母亲对个人婚姻形成的价值观影响了麦穗的价值取向（定义现实框）——"我不知道我们是否能继续幸福下去"；

3. 虽然母亲独立完成对麦穗的抚养，麦穗的想法、态度却刻意相反，矫枉过正（倒转框）——"一想到孩子就感到恐惧""生孩子无法面对，无法承担"。

要解决困境，除了检视原生家庭的影响，还要学习摆脱它。

母亲是任何一个人生命中最重要的人，也是我们最亲近的人。麦穗和岸要先寻求母亲的帮助，与她一起分享，请她一同分担。

两人需要与各自的母亲进行一次坦率的深谈，告诉母亲自己的恐惧与担忧，取得理解与支持，与母亲一同回忆父亲，一同回顾过去，询问母亲对自己婚姻的看法，对独自抚养子女的体会。

不论麦穗和岸原来怎样看待妈妈（在没有得到验证前，常常只是我们自己想当然的解读），经过这番交谈后，可能都会听到全然不同的见解和思路——其中必定蕴藏着什么——痛苦和失望，信心和力量——谁知道呢。

接下来，轮到麦穗和岸交谈。

这次别再回避了，那些隔靴搔痒的安慰，对伤害无能为力，反而只会把彼此变成弱者，变成逃兵。分享彼此所有或好或坏的记忆，或深或浅的悲伤，真正做一回对方的知己。然后，相互抚慰，相互鼓励，这样的两个人才有可能并肩前行，追寻幸福。

第三项功课还是麦穗和岸一起：拿出纸和笔，分别写下两张清单："有孩子的利"和"有孩子的弊"。把能考虑到的都包含进去，之后逐一自问，那些美好的部分自己有所期待么？那些最坏的可能性自己敢于承担么？

　　如果大多数答案是肯定的，恭喜，你们可以把这两张清单贴在冰箱门上了。

　　生命需要冒险精神，何况成为父母是人之常情，此行的风险没那么高。

　　人生无法排练，时间不可逆转，命运充满无穷未知，未知意味无限可能。有什么理由说父母就等于你，过去就等于未来？

　　麦穗，象征着丰收，多好听的名字。

3. 做个"难不倒"的妈妈

　　也许当了妈妈就注定了开始烦恼，只不过不同的孩子有不同的问题。茶蘼一枝的苦恼呢，是孩子不会说话。

　　儿子逗逗现在 2 周岁零 5 个月了，周围这么大的孩子都在牙牙学语，几乎都会说不少简单的词，有些甚至能说整个句子了，但逗逗却只会说很少几个词。

　　有一次茶蘼真的给儿子计算过，好像就十多个常用的词，比如爸爸、妈妈、车什么的，而且发音还不怎么清楚。他也不喜欢开口，跟他对话，他好像都明白，但就是不说。

每次带逗逗出门，遇到年龄相仿的孩子，看他们自然、大方、流利地讲话，荼蘼就觉得既难过又丢脸，只得跟别人解释一番，好像哪里不如人似的。

常常有人安慰荼蘼说："贵人语迟。"但也会碰到说话太直，甚至难听的。上次带逗逗在公园玩，有个老太婆在旁边看了他半天，居然跟同来的人议论说，这孩子是不是小哑巴。

老人说话声音很大，荼蘼听了眼泪都快下来了。

表面上荼蘼显得满不在乎，其实一直为这事心烦，有一阵子她觉得儿子是不是以后都不会说话了，先生总说她瞎想。

荼蘼也看得出逗逗不笨，反应挺灵的，心里知道就是不会说。荼蘼还给他检查过听力，也没有问题。

有个同事说，孩子不会说是因为荼蘼家里的口音太杂。爷爷奶奶是高邮口音，钟点工阿姨是安徽口音，先生和荼蘼 会儿扬州话一会儿普通话，可能是有些影响。

荼蘼两口子早出晚归，在家的时间短，孩子基本都和老年人在一起，他们也不大会跟孩子交流，只晓得吃饱穿暖。

抛开这些因素不谈，逗逗说话确实晚，快两岁了都不会说，直到一个月多前才真正开口。他第一次说的比较清楚的是"爸爸"，荼蘼两口子激动了好久。

荼蘼看了不少育儿书，试过一些办法教他说话，效果都不明显。她一直用鼓励的方式，尽量注意不跟他发火，但急了也会抱怨也会唉声叹气。孩子也很难过，好像知道自己惹妈妈不开心了。

　　荼蘼来找我的时候，我不得不在心里承认，虽然身为职业心理咨询师，在有孩子之前，我很少关心婴幼儿心理，那更像是些实用的结论。等我生了林恳，才发现书到用时方恨少，时不时找本书，对照小家伙研究一番，有时取经，有时求证，有时检验。

　　那些理论果然闪着智慧的光芒，确实是实践出真知。

　　我还得承认，我跟荼蘼一样都是个会烦神的妈妈——如荼蘼所说，当了妈妈免不了各种担忧。孩子在不知不觉中长大，问题花样百出，难以招架，怎么处理我们的担忧呢？办法之一是遵循"科学观"：了解孩子相应阶段的心理与发展规律。

　　下面，先列出一些有关婴幼儿语言发展规律的心理学知识，方便对照孩子的表现。

一、语言爆发期、命名爆炸期

　　1~2岁称为"语言爆发期"，1.5~2岁为"命名爆发期"。婴儿向幼儿过渡，开始渴望知道各种事物的名称，不断习得词汇，特别是能迅速获得名词。

二、个体发展存在差异

　　幼儿发育包括语言发育，其进展是不均衡的，某些方面快，某些方面则慢。不同个体情况不一，还受环境因素影响。

　　到了两岁还不开口的孩子，尽管不能自如表达，对话语却默默地记忆和储存着，一旦条件成熟会爆发式涌现。一般到了4岁，幼儿的差别基本就消失了。

三、男孩语言发育较晚

由于男性激素对左脑（控制语言）发育具有抑制作用，男孩的语言发育晚于女孩。此外，社会性技能也逊于女孩。

四、从形象思维到抽象思维

出生 8 个月后，婴儿开始形成形象思维；到 1 岁左右初具范畴化（分类归纳）；到一岁半，会对周围的事物进行分类，此时已经出现抽象思维，语言就是以此为基础的。

五、理解先于语言

人类的理解能力是先于语言能力发展的，婴儿首先理解大人所说的意思，随着生理的不断成熟，说话能力会逐步提高。有时孩子还不会说话，但已经明白你在说什么，会做出相应的反应。

六、如何测试孩子的语言发育状况

（1）让婴幼儿取来眼前没有的某样物品，看他是否能顺利拿来。

（2）遇到环境变化或稀奇事物，是否会以动作、表情告之。

（3）大人说话时，是否看着对方的眼睛。

（4）大人说话时，是否点头表示明白，或听到有趣的话也发笑。

（5）除语言外，在运动、情感方面是否发育正常。

就算还不会说话，大部分一岁半以下的孩子都可以做到以上内容。

只要发育正常，孩子说话早迟、多少，并不那么要紧。在婴儿语言发育过程中，重要的是妈妈（或其他主要抚养者）和孩子间要建立起密切的心理关系，通过这种关系，孩子能保有乐于交流的欲望，并体会探索世界的乐趣。

虽然存在个体差异，绝大多数孩子大致符合以上发展规律。

以我儿子林恳为例，他属于语言发展较早的孩子。在他一岁半时，我给他做过记录，当时他会说并能基本理解200多个词，其中名词占一半以上，而且大部分词汇都是一岁之后获得的。

他会从1数到10（中间总要漏掉4和6），而跟他年龄相仿的一个小女孩，则已经会从1挨次数到29。

结合逗逗的性别，以及家庭环境中口音杂，和长辈相处时间久，与父母交流机会少等因素，确实一定程度上影响了他的语言发展。但也能看到，逗逗"到一个多月前才开口"，就这一个月，他的词汇量已经超过了过去两年。

"贵人语迟"是句安慰话，倒也能举一个好例子：老舍先生3岁还不会走路，也不会说话，这个算不算迟呢——人家可是大文豪，大学问家。这固然是个案，却能说明语言发展因人而异，与智商、成就没有绝对的关联。

当婴幼儿的某些表现不尽如人意，首先要研究问题出在哪儿，是孩子的个体特点，父母的教养不当，还是客观的必经之路。

然而现实中，下功夫做足功课，着手解决问题的父母少之又少，往往一味看不得孩子的"不是"和"不好"，只希望他有最佳表现——如果孩子表现不佳，就觉得"难过又丢脸"。

我理解这种心情，毕竟我也是母亲，难免觉得孩子和自己息息相关，从"里子"到"面子"——这是每个中国父母都要努力突破的。

事实上，我不担心逗逗不会说话（只要身心健康，说话是最无师自通的），反而担心这个妈妈过于焦虑。

母亲寄托了一个人生命最初的安全感，在我们的人格发展进程中扮演着不可替代的角色。

弗洛伊德说："一个为母亲所特别钟爱的孩子，一生都有身为征服者的感觉；由于这种成功的自信，往往可以导致真正的成功。"被母亲接纳的孩子，往往拥有良好的自信与乐观。

母亲的情绪对孩子有很深的影响力，母亲焦虑他会随之焦虑，母亲放松他会跟着放松，母亲笃定他会同样笃定，母亲沉着他会学着沉着。母亲接纳孩子，孩子就会接纳自己；母亲相信孩子，孩子就会相信自己。

虽然茶蘼一直采取鼓励的态度，但过分关注的潜台词就是"否定"。虽然她尽量不冲逗逗发火，但孩子小小的心里一定明白：妈妈很着急。

茶蘼用了很多方法希望立竿见影，孩子却越发不自信和不敢作为。茶蘼自己承受着挫败感，对孩子失望，孩子和母亲的感受如出一辙，也感到挫折，也觉得自己总是令人失望（两岁的孩子已经可以体会到非常细化的复杂情绪）。

经过母亲的"努力"，说话这桩每个人都能学会的事，到孩子那里成了人生最大的障碍，怎能不难过呢？

调转 180 度，把说话还原为最自然的事，和孩子在日常生活中随意地保持交流，不去刻意讨论和评价"说话"，忽略孩子的表现，说的不好没关系，说的好也正常，给孩子创造放松的环境。

如果要交流，就简单而有力地告诉他：每个人长大了都会说话，妈妈相信你。做个"没什么大不了"的妈妈，坚持几个月你再看效果。

做妈妈难，难在"难不倒"的姿态。

两个月过去后，茶蘼一直短信联系我，说逗逗已经能说一些短句子，也更愿意开口了，虽然口齿不是很清楚，但她完完全全放下了心。

我想，父母对孩子真的应该倍加信任——相信他们的生命力。今后，我也要争取做个从容的妈妈，在孩子的人生路上，不断给他信心和勇气。

4. 早教谁来教

来咨询的，各种问题都有，还有带着娃娃的妈妈，比如阿贝妈妈。这位 31 岁的妈妈，带着刚满 18 个月，走路晃悠悠的可爱女儿来找我咨询。

问题也颇具代表性，就是关于孩子早教的问题。

一岁半的孩子，应该常常带她出去看看，但小阿贝的父母工作都非常忙，到了休息天还得忙各种家务，家里请的阿姨也就是每天带孩子下楼在小区里转一会儿。

如今都是独生子女，在家也没有玩伴，问问周围差不多大的孩子，竟然大部分都去早教班了。于是阿贝妈妈开始琢磨，该不该让孩子上早教班。

阿贝妈妈的一个朋友，很信奉早教。她对阿贝妈妈说，把孩子送去早教，毕竟有老师教，多少能学到些知识，和其他孩子在一起还可以培养人际交往。

而上过早教班的孩子，确实会显得大方一些，懂事一些。再说了，反正在家跟老年人或者阿姨也学不到什么——即便父母本身，也没有早教老师有方法。

接着阿贝妈妈就去了解了一下，才知道早教班的费用比较高，但别家的孩子都上了，如果有条件不能亏待自己的孩子呀！都说孩子越小潜能越大，如果错过了，会影响今后的发展，再补也补不回来。

不过，阿贝妈妈还是很犹豫，早教真有那么神么？有些上了早教班的孩子，似乎也并没有表现出什么特殊之处，自己小时候连早教这个概念都没有，还不是照样长大成人了吗？

看着女儿小小的笑脸，阿贝妈妈真不想让她有任何压力，也许就应该让孩子按照自身规律慢慢长大，自然发展。

又或者这样的做法是错的，真的会对她不利，荒废了她最好的学习机会，限制了她将来的能力。

对于早教，我其实也不是专家。但正如阿贝妈妈所说，"我们小时候连早教这个概念都没有"——她是"80后"，我是更老的"70后"，我们都没有接受过标准意义上的早教，但其实我们都曾经被有意无意的早教过。

在我们还是婴儿的时候，家人就开始按照祖辈流传下来的方法为我们启蒙，同时还加上他们自己不自觉的创新，虽然他们几乎都不具备相应的知识体系。

其中一些方案不无道理，确实顺应了小生命发展的规律，更好地帮助我们长大了。当然，后续问题也不少。

好吧，让我们先弄清楚早教的概念吧。

婴幼儿时期是人类神经系统发育最快的时期，此时丰富的环境刺激与学习机会会促进大脑的发育，从而开发各项潜能。

早教其实是终身教育的开端，指在0～6岁阶段，根据婴幼儿生理和心理的发展规律，结合敏感期的特点，进行有针对性的指导与培养，为智能和人格的发展打下基础。

时下给孩子上早教班的家庭不在少数，但家长大多对早教的概念缺少完整清晰的认识，并带有诸多误读。以下是三个常见误区：

其一，很多父母认为早教是早教班或幼儿园的任务，只要把孩子送去上学就完成任务，万事大吉了。

事实上，早教的各种途径中，家庭教育堪称关键环节。人的智力和心理是先天遗传与后天环境交互作用的结果，家庭则是成长过程中最密切的后天环境。

说白了，在早教问题上，父母（或其他主要养育者）的责任最大、影响力最大——父母双亲才是实施教育的主体。

因此，父母首先要"自学"，有意识、有目的地提高自己的认识水平和心理素质，了解相关心理学知识，学习合理的教养方式。

举例来说，了解了敏感期的概念，也就理解了孩子在某个年龄段出现的问题（如执拗敏感期），或掌握住孩子发展的契机（如语言敏感期），往往事半功倍。

其二，早教的目标常常被看作让孩子掌握某种知识和技能，然而这些内容，孩子会随着年龄增长自然习得，最终不再"出奇"。同时，过分功利的早教也会给孩子带来负面效应，造成焦虑、厌倦、浮躁、虚荣……从而抑制自身的发展。

实质上，能力、智能与人格、个性的培养才是早教的最终目的——换言之，要让孩子更有兴趣探索世界，更有能力适应社会。

其三，早教的方式也并不仅限于早教班（可以将其看作一种比较系统的补充手段）。多元的方式和场所可以更好地促进孩子在语言、智力、艺术、情感、人格和社会性等方面的成长。

在家中的亲子游戏和阅读，在户外的亲近自然和旅游，在公共场所的人际互动和参与……都不失为接触世界、开阔视野的良方、良机。

就算在我们的日常生活中，也有很多可以和孩子一同前往的地方——不妨带孩子去各种博物馆、展览厅、园林，走一走、坐一坐、看一看，耳濡目染是很棒的启蒙。不要认为他还太小什么都不懂，相信自己不如相信孩子的灵性。

生活中处处有学问，时时有精彩，做善于发现、善于感知的父母，就会培养出善于发现和感知的孩子。

说了这么多，早教是谁的事，早教又是为了什么，相信阿贝妈妈也明白了。

孩子像小树一样，从发芽到茁壮，每时每刻都在汲取养分，谈何荒废？孩子像花朵一样，各有各的花期，耐心浇灌直到嫣然绽放，迟早而已。

我们总会听到父母们说自己"工作太忙，不懂教育"，这都是事实，但不是逃避责任的借口。

这个责任固然重大，却非常特别，非常珍贵。在小孩的心目中，父母是可以无条件托付、信任的玩伴（除了孩子，有谁生来就会这样看待我们呢）。

身为父母，其实是上天给我们的一个机会：再一次接受启蒙，与孩子一同成长——重要的是，现在就去做。

最后，我能感到阿贝妈妈潜在的焦虑和内疚，觉得自己对孩子的付出不够——老实说，我也常常这样想。不过，我会告诉自己，世上没有不犯错的父母，更没有完美的父母。

我们绝对不是最好的，但我们都是努力的，对么？

5. 地震·童殇

2008 年 5 月 23 日，汶川大地震后第 12 天。

记者找到我，说有个灾区来的孩子随家人投奔扬州的亲戚，安顿下不久，想让我去做个心理干预。他们之前接触过这家人，发现大人每次诉说时都会哭，这个孩子却没有眼泪。他几乎不开口说话，表情麻木，情绪漠然，回避与他人的交流。

听起来，这孩子是遭遇创伤后产生了应激障碍，又称延迟性心因反应，是指在遭受强烈的或灾难性精神创伤事件后，延迟出现、长期持续的精神障碍。多数人可以恢复，少数会转为慢性，持续数年，最后会导致人格改变。

我是犹豫的，一来第二天有场小说签售会，现在有一大堆准备工作（后来果然出了问题，不提也罢）；二来，我很少有机会接触创伤后（灾后）心理危机干预的案例。

这是个独立的课题，技术难度很大，存在许多禁忌，处理常见案例的一线咨询师都未必能胜任，万一弄巧成拙，反而害人。

近来一直在关注心理干预，给自己恶补相关课程，现在进行干预，时机是适宜的，但越了解其中的风险，越觉得担心。

在一个灯光暗淡的房间里，我和这个当时上初一的孩子以 90 度角相对坐下，请别人倒来两杯水。

当门关上后，顿时这间屋子大部分便笼罩在黑暗里，黄色的灯光下看不出他的肤色，是个常见的乡村少年，但缺乏这个年龄的活力。他身体僵硬，表情木然，目光基本上注视着地面，偶尔会很快地扫我一眼。

我向他介绍了自己，慢慢开始和他聊。稍微熟悉一点后，我问他是否有些话从来没有说过，如果他愿意，可以告诉我，我愿意听。

他开口说了一些，我继续询问，并征求他的意见，他又说了一些。我重复他的话，以便使他感到被理解的安慰，另外一层用意，是为了确认我没有听错。

他用的是乡音，我听不太懂，有时完全靠猜。这让我不免吃力，好像在和一个语言不通的外国人谈话，要解决的却是一项重大事宜。

我说的时候，他多半低着头回答"嗯"。到他想说时，他望着我，眼神很不安，还说得很快，想要一下子说完似的。

我保持前倾的姿势，一直注视着他。他断断续续地告诉我，他害怕；他不想跟人说话，因为他觉得说了更害怕——学校里高他两级的同学，两个死了，一个失踪了；他看到一些残缺不全的尸体，有的缺了胳膊或者少了半边，有一个没有头（比划给我看）；很疼爱他的三位小学老师都死了；他担心做修电话线工作（大意）的爸爸；他爷爷去年去世了，临走让他好好学习，他有一个心愿要为爷爷烧纸钱，但现在不知道什么时候能回去；他想念、担心留在灾区的同学。

我试着帮他说出一些感受。

我问他是否总是感到害怕、不安，睡不好觉，做噩梦，常常半夜惊醒；我问他是否会有一些可怕的记忆不时在脑海中出现；我问他是否担心未来还会发生这样那样可怕的事；我问他是否希望这一切从来没有发生；我问他是否觉得他的生活再也回不到过去了。

停顿了一下，我又问他是否并不想和别人交流；我问他是否觉得我们这些人——包括我在内没有人能了解他的感受；我问他是不是总有人带着好意关心他，安慰他，问他在想什么；我问他是否近来有很多人前来探望，让他很不适应；我问他是否觉得扬州很陌生。

他一直点头，说是。我想也是。

我告诉他，所有人，包括我自己，如果经历了你这样的经历，都会和你有一样的感受。

这些感受确实非常糟糕，没有人愿意承受，但所有的感觉都是正常的——谁也不希望地震发生，但这是无法预知和避免的自然灾害，这些可怕的事已经发生，成为了事实，不会变得更坏，但已经是定局。

顿了顿，我又说："不亲身经历的人的确无法切身了解你的感受，但有数十万人和你的感受相同，你并不孤独。你需要一段时间来渡过难关，但不要试图用忘记来渡过，不用忘记那些记忆中的人和事，也不会忘记。

"虽然你离开了熟悉的环境，但你现在很安全，而且很快又能回到课堂。相信总有一天你会重新回到家乡，完成对爷爷的心愿。我们不能回到过去，也不能改变过去，但可以改变的是现在和未来——你要做的，是做自己能做的，管理好自己，长大了也能帮助别人。"

一个小时到了末尾，一直没有太多表情的孩子终于打开了内心，他哭了。

一个小男孩，垂下头，把两只手插进头发，身体抽搐着，抱头痛哭，眼泪一颗颗滴落在两脚之间。

我把手放在他肩头上，默默地陪他流泪。

我说："哭吧，哭吧，没有人在这样的灾难面前能够无动于衷，你有太多只有你自己能明白的感受，你是个小男子汉，所以你才伤心流泪。"

等他平息下来，我递给他纸巾，让他喝一点水。

我告诉他，坚强不是不哭，勇敢不是不怕，是像你这样经历了这一切，敢于把那些可怕的事说出来，哭出来，你真的很有勇气。如果以后有什么感受，试着和家人，和周围人做些交流，或者给我打电话。

结束后，我长出了一口气。

说出来，这些压在胸口的巨石并未消失，但你搬动了它，解脱出自己，也就有喘息、休整的条件，有继续前行的可能。

命运是荒谬的，为什么要让一个孩子承受这一切？孩子的手上有一点轻微的皮外伤，父母也都会在意的，何况心上的伤是看不见的创口。

面对他们，我们唯有默默倾听，久久陪伴。

6. 全职妈妈的困境

34岁的全职太太悠悠妈来找我，跟我说自己昨晚又冲着儿子大喊大叫，而且最近一个月，自己已经打了儿子两回。

晚上骂完儿子，儿子忽然对她说："妈妈，你心情老是不好，脾气又大，脸色又难看，如果你不是我亲妈，我才不愿意和你在一起。"

悠悠妈听后愣住了，这就是自己儿子，一个8岁孩子的心声吗？其实，悠悠妈也意识到自己有问题。

悠悠妈曾经是一家合资企业的中层管理，忙得连怀孕期间都没多请一天假。孩子一直是奶奶带，等到孩子上小学前，奶奶回老家去了。

过了半年，悠悠爸被单位调到省办事处工作，平时每个月只回家几次，家里的事一下子都落到悠悠妈身上——要忙孩子，要忙工作，压得她手足无措，难以喘息。

最终，考虑到孩子刚上学需要一个稳定的环境，还要有人辅导，并且经济情况也允许，今年过年后，悠悠妈选择了辞职，从此成了全职主妇。每天上午她忙家务，下午无所事事，晚上辅导孩子功课，一天就这样一成不变地过去了。

悠悠妈甚至觉得自己的生活不仅是无趣，而是没意思。渐渐地，她越发焦虑，常常为一点小事发火，有时又很消沉，不想出门见人，感觉自己已经和外面的世界脱节了。

最近悠悠妈都懒得逛街买衣服，和过去的朋友也很少联系，毕竟人家都在正常工作，于是和他们的共同话题也越变越少。

虽然悠悠妈每天都和先生打一个电话，可先生鞭长莫及，只能简单地进行口头安慰，对悠悠妈也没什么效果。

最让悠悠妈焦躁的是儿子，老师说孩子挺聪明，可是恨铁不成钢，不是上课不用心听讲，就是粗心大意，才上二年级数学就考了80多分，成绩始终上不去。

也许是受了妈妈的影响，悠悠现在也表现出自卑，经常说自己什么都不行，老有畏难情绪。

悠悠妈特别希望儿子能好好读书，不枉自己辞职在家一场，如果儿子学不好，那自己的努力不是全白费了么？她总觉得自己是为了儿子才辞职的，自己已经没有什么值得骄傲的成绩，唯有儿子学好了课程，自己所做的一切才会有价值。

总之，悠悠妈的生活貌似正常运转，却好像找不到自己了……

做父母的，难免冲孩子发火，但身为有理性的成年人，我们其实都明白，很多情况下并非孩子有错，而是因为我们自身的挫折感所致。

值得庆幸的是，悠悠妈已经发现了问题所在——没能很好地适应自己的新角色：全职主妇。只不过，她还没理清思路，更不知如何解决。

全职主妇有很多成因，无论主观和客观因素，面临的问题实质上很相似，情绪也类似。拿悠悠妈的情况来说，先生去外地任职，自己工作繁忙，很难把刚上学的孩子照顾周全。

她辞职回家后淹没于家庭琐事，渐渐脱离了社会和人群，缺少成就感与自信心，变得焦虑、易激动、消极、逃避、退缩。换言之，因为没有接纳自己的现状，没有找到自己的定位，反而失去了自我。

失去自我，好比日常生活还在正常轨道上，掌握着方向盘的悠悠妈自己却力不从心，岌岌可危，好像随时会脱轨。

这对悠悠妈来说糟透了。

孩子的话警醒了悠悠妈，她在孩子眼里已经成了一个"心情老是不好，脾气又大，脸色又难看"的女人，如此不可爱的妈妈，难怪孩子不愿和她在一起，恐怕连她自己都不喜欢现在的自己。

　　同时，如悠悠妈所想，自己的状态必然会影响孩子的自我概念，"经常说自己什么都不行"就明显存在自我贬低的倾向。其背后，包含妈妈对他的否定性评价形成的心理投射，以及她对自己的否定和焦虑给他造成的不良"示范"。

　　试着想象一下，虽然人生有种种压力和难题（这是在所难免，人人都会有的），但你拥有一个不同的状态——积极自信，从容沉着，美丽优雅，爱思考，有方法，充满活力——来面对同样的生活，哇哦！这"同样"的日子也会变得不同，焕然一新。

　　做一个这样的妻子、妈妈、主妇、女人，围绕在你身边的人也会改变。先生觉得娶对你了，孩子重新开始变得阳光起来，你也活得更轻松——我得承认，这也是我一直在追求的。

　　我们刚刚展现了一个完全不同的你，也展现出一个完全不同的生活场景，这不是不可能。不过，你我都知道，这确实很困难。

　　现在来追本溯源，看看是什么原因造成了你的困境。

　　"我特别希望他能好好读书，不枉我辞职在家一场，如果他学不好（课程），那我的努力不是全白费了么？我总觉得是为了他才辞职的，我自己已经没有什么值得骄傲的，唯有他好，我所做的一切才会有价值。"

　　这话听起来很有道理，你为了孩子离职回家，孩子的好坏，标志着你的付出成功与否——仔细想想，却不够合理。

　　事实是，在对目前的生活做了客观考量后，你认为自己难以胜任原先的家庭、事业两不误，因此打算在一段时间内承担全职主妇这个角色。这其实是你基于全盘考虑对个人道路做的调整，我相信这也是你找到的最佳方案（最佳方案不等于没有任何弊端）。

所以，这是你自主的规划，自愿的决定，既不是迫不得已的下策，更不是单纯为了孩子做出的牺牲。

悠悠妈，新局面致使你转移重心到家庭事务和子女教养上，暂时放下了事业追求，也就缺少了成就感的一项主要来源。而家务和孩子都是慢工出细活的繁琐事务，很难一蹴而就，立竿见影，也不容易取得重大的成绩。

然而当下，你却比以往任何时候都需要被认可，需要做出些什么来证明自己，证明自己的选择没错，证明自己还有价值。

So，在没有理清思路的情况下，你把解决个人价值的宝押在孩子身上，把"为孩子"当成选择全职主妇的原因和目的——孩子的成绩单变成了你的成绩单，孩子的成就变成了你的成就。

这样一来，你开始急功近利，孩子却因额外承受你内心的焦虑，愈发不自信，结果，孩子的"不成"反而成了你的"不成"。

其实，是你自己从一开始就没有接受自己。每个人都是独立而独特的，你的成就应由你自己开创，孩子的成就也该由他来完成，虽然你们彼此需要，相互影响。

如此，你要先管理好自己。接下来，努力在新的人生框架里规划新的个人生活，新形象，新计划，逐渐找回往日的活力和信心。

在这过程中，向孩子展现你如何认识、接纳、完善、认可自我，和他分享你的人生，引导他建立自己的价值观。我相信，你会是个越做越好，越来越可爱的妈妈、太太和主妇。

悠悠妈，悠着点，全职主妇一样有春天。

最后，我制定出一份《全职主妇心理攻略》供所有的全职主妇参考。

一、把全职主妇当成一份真正的职业来对待

全职主妇就是带孩子做家务的家庭妇女？No！你的付出维护了家庭的运转和婚姻的稳定，直接保证了孩子的成长，间接促成了先生的事业，你是全家的后盾，连社会和谐都有你的功劳。

想一想，如果这项工作没人来完成，或很不称职，结果会怎样……

对了，你周围的人都需要你，"全职主妇"涵盖了你的各种人生角色，重要性可见一斑，它绝不亚于任何一份职业。

现在，你有机会挑战一下自我。首先要做到明确角色任务，摆正位置，自我接纳，既不自轻也不散漫，有效规划时间和任务，认真对待每项家庭事务，享受全情投入的过程。

二、与配偶建立合作模式

他是前锋，你是后援，如果没有默契与配合，结果可想而知。结合生活现状，寻找专属于你和他的互动模式，学会客观评价，合理解读，培养合作精神，规避全职太太的最大危机：沟通不畅会导致摩擦升级。

三、经济自主，参与理财

既做全职主妇，就要把"女主内"的功能最大化。争取把握经济大权，或有效参与家庭理财，至少拥有个人可支配的部分，并进行一定的投资。

四、与孩子共同成长

陪伴孩子长大，也是和他一起成长。

亲密的相处有助于建立良好的安全感和亲和关系，这样你就会更了解他，也会从中发现另一个自己。这是一次难得的机会，不仅能让你更加成熟，也能让你重新受到启蒙。

五、构建个人空间

完成家庭事务之余，建立积极的个人生活。

疏离社会意味着逐渐丧失共同语言，也失去了对生活丰富的感受力。拥有自己的爱好或参与社会活动，以此接触社会，获得成就感，甚至可能成为某方面的专家，让他刮目相看。

六、拥有人际网络

与老朋友、同学和过去的同事保持联络，相约逛街，轮流做东，交换资讯，分享心情，互帮互助，收获情感支持、社会存在感、群体归属感。

七、不断学习思考

厨艺、钢琴、驾驶、羽毛球、MBA……学什么都可以，不学也没关系，但不要忘记时常读书和思考，有头脑的女人不会被小觑，还会拥有更完整的安全感。

八、外表同样重要

智慧的女性明白容颜易逝，于是把主要精力放在做足内功上，但是内在的气质、修养固然重要，外在美也不肤浅，两相结合才最经得住时间考验，内外兼修能让你足够自信。

九、准备重返职场

做一辈子全职主妇需要绝佳的定力，当孩子渐渐长大，当他开始抱怨辛苦，当你满嘴家长里短，是时候考虑重返职场了。

生活有变化，你才有活力，积极充电，调整节奏，为重新出发保留提前量。

十、保持良好心态

成为黄脸婆不是岁月的罪过，要怪心态腐坏。懒得保养、疏于社交、疑神疑鬼、唠叨琐碎、情绪消极、梦想消退……这一切都会让青春已往，美丽不再。

或者，你也可以成为活力与魅力兼备的女人。

孕育这一切的土壤，无论贫瘠或者丰美的，是你的心态。

7. 亲情的温度

艾可是"70后"，结婚8年。她咨询的问题多数家庭都会遭遇，正因为具有普遍性，很值得拿出来共享。

艾可是在婚后发现家庭矛盾的。故事原封不动，呈现如下：

婚后，婆婆从农村来到城市和我们同住，她封建思想严重，把我的家当她自己的家，什么事都指手画脚。我个性比较强，因此我和婆婆之间一直摩擦不断，矛盾激烈，和老公也时常冷战。

最终老公答应我，等今年儿子上小学后就让他妈妈回老家住一段，换我父母过来。开学前，婆婆很不情愿地回去了。

我承认婆婆做事是一把好手，里里外外都不用我操心，她一走，一切都要我们自己来。以前从来没有这么忙碌过，每天都像打仗一样，但我和老公一起操持家务，感觉两个人亲密了很多。

孩子上学前，我父母从老家来这里租了个房子。我们早上送孩子上学，中午在各自单位吃，下午我妈妈去接孩子放学，晚上我们一起去他们那里吃晚饭，之后就带孩子回家。

这个模式让我们疲于奔命，但不管我怎样都不能说服他们和我们同住（我们的房子有130平方米），他们宁可花高价租学园区的小户。

这样，我和我父母每天见面只有半小时，吃饭时也没什么话。并且我妈不是很能干，做几个菜就特别忙，每次都希望我们早点走，一点没有挽留的意思。而且一到周末，他们就回老家（车程一个多小时），不顾这样既疲劳又不安全，直到周一上午再来。

结果，我们平时工作忙、压力大，到休息天事情反而变得更多了。

这一切都让我觉得很难过，更难与人言。

相比周围很多人的父母（比如我的两个朋友以及一些同事），

甚至相比我的婆婆，我父母似乎一点也不愿为儿女着想，他们好像也不享受天伦之乐，把自己当成来给我帮忙的"工具"，总和我保持距离，每个星期两边跑，也不愿周末留下来和我们在一起。

这和我的设想完全不同，我很希望我能依靠他们，同时用自己的力量让他们生活得更舒适，不愿他们又花钱又受累，只想一家人和睦相处。如果他们继续这样，我还不如找个钟点工。

上个星期，我终于忍不住爆发了，和他们发生了激烈的冲突。他们也说了很多伤人的话，说我太自私，从来不站在他们的角度为他们考虑。

我真想不到，他们竟然是这样看我的，完全体会不到我的好意，我都不知道自己错在哪里了。我到底应该怎样看待他们？

听完艾可的故事，我忍不住微笑。

清官难断家务事，我体会得到她有多苦恼。在艾可的想象中，父母应该欢欢喜喜来同住，给工作繁忙的自己做好后盾，自己也可以为他们提供更好的衣食住行，一家人其乐融融，共享天伦。

可是，不知怎么就成了如今的局面——父母不领自己的情，事情不遂自己的愿，日常生活变得更忙碌、疲惫，临了还和父母发生争执，彼此恶语相加，两败俱伤。

父母完全不符合艾可的期望，以致艾可觉得他们"不愿为儿女着想，也不享受天伦之乐"；而父母却说艾可"太自私，从来不站在他们的角度为他们考虑"，显然，艾可也不符合父母的期望。

在同样的情境中，两代人的观点统统相左，唯一一致的是，都觉得对方令自己失望，觉得对方付出太少，考虑自身太多，给予的爱太少，拿出的自我太多。

到底哪里出了差错？我们先深入进来，探讨艾可的期望。

艾可说到过去和婆婆同住的情况，婆婆的"坏处"是不拿自己当外人，侵犯"领土权"；"好处"是替艾可承担了主妇的大部分角色，家务一肩挑。

而艾可的父母恰好相反，在外租房，周末回家，每天和女儿女婿只接触半小时，也只帮忙分担一小部分家务。

那么，我有理由相信，艾可希望自己的父母像婆婆一样全权负责后勤（这意味着同住），但不要像婆婆那样指手画脚（这意味着和睦）。

想一想，这是不是艾可头脑中经常出现的画面——艾可潜在的真实愿望。

果真如此，我想艾可自己也会反应过来——这完全满足了你的一切需要，但其实很自私。试问，有谁能放弃自己的生活和内心的需要，只为达成别人（即便是子女）的愿望，你能么？即便它果真达成了，这样的和谐又能存在多久？

之所以说，这是艾可潜在的真实愿望，是因为这愿望没那么单纯，她找了很多理由来合理化和美化它。比如，"用自己的力量让他们生活得更舒适，不愿他们又花钱又受累，只想一家人和睦相处"。

艾可，我真心相信你想做个孝顺的女儿，也诚心诚意要往这个方向努力。这些借口并不说明你虚伪，但却会蒙住你的心目，让你辨不清内心，认不清事实，误以为自己一片好意而受了他人的误解和委屈。

试着放下成见，重新看待你父母的作为。

客观事实是，他们在你需要的时候，离开自己的家和安逸的生活，来到陌生的城市落脚，用自己的钱租靠近学校的高价房子，每天为你们接孩子，烧晚饭，等你们周末休息了，他们回家待上两天再回来。

这说明两点，其一，你的父母确实不是传统意义上为子女任劳任怨的类型（这实在也不值得推崇），但他们所做的是为了你的生活更好；其二，他们想保留自己的个人生活空间，同时不介入你们的婚姻，所以租房别居，而周末回家其实是心理上的平衡与休整。

我倒觉得，你父母的做法是明智的。如果两代人真在一个屋檐下，不同的生活习惯和预期难免磕碰，相安无事的可能性锐减，更奢谈合家欢乐。

而且，你和先生又回到了婚姻伊始有人依赖的状况，那么多年你们都规避了家庭内部责任，谁能说这不是造成诸多问题（比如对摩擦的处理，比如总想依靠谁）的一项主因。

而如今"忙并快乐"的日子才能教会你们彼此合作，运转一个家，也才是真实可控的婚姻常态。

原来，你不曾换位思考，想到站在你父母的角度体会他们的感受——其实他们的做法不为过。

原来，你不曾冷静权衡，推导出眼下这个局面带来的益处——双方和平共处。

原来，你只顾抱定自己的看法，强调自己的正确，试图修改对方——这会让对方感到一切都被你否定了，并转而否定你。

你们都不接受对方，也感到自己不被对方所接受，最终上升到情绪的碰撞，情感的互伤。

亲情是伤人的，当你要求过高时，当你距离太近时，当你解读有误时，当你一味自我时……不给对方余地，也不给自己空间，就会无视对方的自尊，无视自己的自私。

我们都是子女，也都会成为父母，我们自己也经不起这么苛刻的审视和推敲。后退一步，你才能看清事情的全貌，也才会感到亲情宜人的温度。

8.自卑·我·妈妈

这篇是关于我自己的，文章有点长，但是，看完它，你会明白我真正想说的。

很少有人相信我自卑，内心充满了失败感——除了我先生，我最好的一些朋友，我的几位有相同感受的咨询者。

最近有个朋友充满同情地对我说："如果我告诉别人你自卑，恐怕很多人会认为你虚伪，故作姿态。"很有可能。

自卑完全是个人化的一种心理体验与自我概念。自卑的人不见得应该自卑，但多少，都会因为自卑而抑制自身的能力，损害心境。我的自卑是从小养成的，和性格有关，也和家庭、生长环境有关。

两边的家人，不管大人还是孩子，都出类拔萃。外公和爷爷尤其如此，中间一辈各有建树，和我同辈的姐姐妹妹也都是人尖儿。

其实我倒不是一无是处，我有很多歪门邪道的才，比如作文、绘画和体育。但我学习不好，在班上排二三十名，是那种聪明，但上课不听讲、做小动作，交头接耳、注意力不集中、考试粗心把乘看成除的孩子。老师家长都对我恨铁不成钢。

我妈妈在她学生时代始终是学校里最好的学生，以三门 300 分考进扬中，做学生干部，学校请外公去演讲教育经验，等等。妈妈老是最优秀的，工作后，毫无背景的她仍旧当了党员做了厂长。

我们家是书香门第，一直有"万般皆下品，唯有读书高"的观念，妈妈赶上"文革"，所以把希望都放在我身上，指望我有一天上清华北大。我长大之后才逐渐明白她，但小小的我能体会的是：我天生是个坏孩子，我总是让人失望。

我的小学、初中同学全都认识我妈妈，一来她是大美女（她 45 岁之前确实非常之美丽），二来也是更重要的原因，每次我的考试成绩出来，她都会来学校找老师要卷子，把我做错的题抄下来。

那年头多数人家的孩子不止一个，重视成绩，勤于和老师联系的家长很少，以至现在有小学和初中的老同学遇到我，常常都会不自觉地问我一句：你妈妈还好吗？

大学之前的整个学生时代几乎是一场梦游，我不知道要干什么，在干什么，反正不想学，凭着小聪明勉强蒙混过关。

对于学习，我始终不开窍，永远是该做的不做，做不该做的，比如上课时发呆，写作业时画美女图。

现在想想，真不怪妈妈急，如今有很多父母来找我，我时常会回想起当年的妈妈和自己，我对两者都怀有莫大的理解。

外公看妈妈着急，曾经说：她学不下去就算了，以后就去当工人（主要是安慰妈妈，对工人没有贬义，有也是对我）。

小学时有几次妈妈太气了，一把抓过我的书撕成两半，拎起没烧开的水壶扔到煤炭炉上，我大哭着跑上去抢救。

当晚的大部分时间，我都在悄悄地、垂头丧气地粘书，包封面，并且第二天小心地藏着掖着不让同学发现。

有一件事是以数据说话的——我的家教前后有二十多个，包括暑假兼职的大学生，也包括著名教师，都集中在数理化上，尤以数学最多。这是家里的经典笑话，现在家人回忆这事的态度是：唉声叹气加忍俊不禁。

我姐姐和姐夫大我很多岁，都是高材生，初中时也辅导过我的数学。姐夫很快了解到真相，不干了，说"她是不可能学会了"；姐姐很生气，自己来教，她最后摇头叹息"她好像上课时根本没学"。真的，每堂数学课我都在看小说，天晓得考试是怎么及格的。

另有一桩回忆历历在目。小时候一周只放一天假，这天全家在外公家里聚会。每回星期天的上午中午我还神气活现，一到晚上，聚会要散之前，全家人一定要围坐下来开批斗会，听我妈妈声泪俱下，血泪控诉，主题是我不学无术，不可救药。

而我站在一旁，面如死灰。

现在的家庭聚会，我经常说起这事，用的措辞就是以上两行文字，前批斗会成员们每次听了都要大说大笑一阵，屡试不爽。

其实这些记忆是辛酸的。不过它说明，对于自卑，我虽然没有变得自信，但学会了自嘲。

高中、大学时，妈妈开始认命，接受我成不了好学生、不能给她增光的事实，反而不再那么焦虑。

到我工作后，妈妈就很少为我操心了。

最近几年，她常常跟我笑谈：当年自己不知道怎么那么在乎我的成绩，一天到晚去学校，还撕我的书，还动不动急得哭。其实不上清华北大也没什么，最重要的是平平安安，做自己想做的事。

我想，有些事过来了，疏离了，我们才能看到它的原貌。虽然，妈妈偶尔还做白日梦，梦想有一天我会出名，记者会来采访她：你是怎么教育你女儿的？

最重要的是做自己想做的事——这一点我得感谢妈妈，我成年后想做的事，她总是支持我。

　　我在工作收入很好时辞了职，然后我去看周华健演唱会，我学心理咨询，我写小说。我继续不务正业，直到有一天，我不工作也能养活自己，我成了周华健熟悉的歌迷，我做了职业心理咨询师，我的小说出版了——直到有一天，我忽然发现越来越多的人对我说：你真厉害，可以做自己想做的事。

　　很多人羡慕我，我呢，在意识深处，我始终是个失败者，我只想摆脱这样的处境。自信的人害怕不成功，自卑的人却害怕失败。

　　当我想要做，想要做好时，我真正在想的是——千万别丢人；当我做成时，我获得的不是成就感，是安全感，是短暂的安宁——好了好了终于结束了；当我不循规蹈矩时，我不是在追求成功，也不是要与众不同，更不是要证明自己——

　　我是太自卑了，太压抑了，太焦虑了，想要挣脱自我沉重的枷锁。我想要平衡，想要自由，想要抛弃，想要豁出去，大口地呼吸，哪怕只有一次。

　　然而，一个过自己想过的生活的人，一样要面临现实的壁垒，要付出不愿偿付的代价，要和自我扭成一团绝望地挣扎。

　　归根结底，我和别人没有什么本质的不同，在个人生活和内心世界中，我们都是渺小的、孱弱的、战栗的，拘禁在心的樊笼里的生灵，没有什么可被羡慕的。

　　好吧，但愿你们这些愿意听我啰唆的人相信，我的内心永远蜷缩着一个自卑的孩子。即使有一天丑小鸭成了白天鹅，她也依然拥有永远无法与羽毛相配的内心——那些羽毛让她羞愧。

她也许做过一点什么，让不明就里的人羡慕，但她从来没有同感，甚至很少因此感到过安慰。

我觉得我也没有让家人感到过安慰，他们只是对我不抱什么希望了，放低了标准，而且是自家的孩子，怎么都会偏心。最糟的是，我再也没有机会让我的祖父辈对我不那么失望。

外公去世多年了，那年我 11 岁。外公毕业于清华大学，后来留学日本，至今他还是他的家乡唯一一个上过清华的人。解放前，他在何园开办同仁（祝同）中学，收留国民党子弟，后来是新华中学的前身。"文革"时他被打成"历史反革命"，在我出生那年摘掉帽子，所以外公很喜欢我，还为年幼的我作过诗。

之后他在师范学院任历史教授，参加了《汉语大辞典》的编纂，七十多岁时完成了业内公认的著作《文史工具书评介》。

他一直致力于研究回族诗人萨都剌，可惜年事已高，最终未能成书。妈妈说，如果外公还活着，知道我的小说出版了（多少有点承他衣钵的味道），肯定高兴得不得了。

10 年前，奶奶去世了。奶奶和爷爷在北京，我从小在扬州长大，和他们不是特别亲，他们更喜欢一手带大的聪明伶俐、成绩优异的小妹妹，希望她能接他们的班，像他们一样考进北大。但我晓得他们还是疼爱我的。

我最后一次见奶奶是她去世前一年，当时我去北京看她。回扬州那天，她送我到门口，抱了抱我。

我刚要走，她又叫住我，回去拿了一个苹果塞到我手里，立刻转身回去了，其实她已经在我包里放了苹果。

奶奶没有下楼送我，她不愿看我们离开，人老了，和儿孙两地相隔，谁也不知道哪一次会是最后一次。

今年1月，爷爷走了，我们都没想到事情来得这么快，在想象中，他应该活到100岁，而且总有一大堆人围着他叫"朱老"。

爷爷最看重家族声誉，所以他如果知道我的小说出版了，保证是最高兴的那个人，马上会到处去宣传：我们朱家大孙女怎么怎么了。也因此，我在完成小说和洽谈出版的过程中，很少向他报喜，甚至闭口不提，因为怕他失望，或者挨他批评教育。

爷爷走的日子，是他和奶奶结婚纪念日后的第四天，是舒乙先生告诉我小说的序已写好的第二天。只差一天——也许，这是我的遗憾，不是他的。

外婆还在，今年94岁了，我和姐姐都是她带大的。她年轻时做过小学校长，解放后是汶河小学的老师，生性要强，人走起来清清爽爽。

10年前，外婆因为脑血管畸形中风，开刀抢救后，她的身体基本恢复了，但大脑受损，人糊涂了，像小孩一样不听话。她耳朵又坏，跟她说话要用泼妇吵架的音量，妈妈、姨妈服侍她服侍得很辛苦。

我有时跟妈妈笑谈，余华写的《活着》不对，外婆这才叫"活着"。外婆有短时记忆消失，只记得从前的事，家人也不大认得，只认得我。妈妈、姨妈要哄她吃饭穿衣服之类就拿我威逼利诱：这是佳佳做的饭，快吃！你不吃，她就生气了，不来了！

　　我对带大我的外婆也就这么点用。

　　我想，外公、奶奶、爷爷去世了，外婆糊涂了，他们谁也不会因为我而高兴了。

　　今天，报上登了介绍小说出版的一篇新闻。中午我去妈妈家吃饭。饭后，妈妈拿着报纸对外婆人喊：佳佳写的一部小说出版了！外婆居然立刻明白了，露出惊讶和高兴的神情，说："这个伢子不简单。"

　　我肯定没有看错，外婆灰色的瞳仁有一瞬间亮了一下。

　　回家时，我骑车走在蓊郁的行道树下，两旁是柔嫩的青绿，眼前慢慢模糊，直到四月末暖和的阳光照在风干了的泪痕上。

第三章
一半似水流年，一半此间少年

1. 我们都是追星少年

　　肖女士的女儿在重点中学上高二，暑假结束就要升高三，成绩在班上排到十名左右，就是不太稳定——高考可是一分也会淘汰无数人的，容不得半点疏忽。

　　最主要的是，她不够用功，心思不全在学习上。

　　于是肖女士很紧张，她老来找我，就是因为女儿。

　　初中时，女儿就喜欢过一个肖女士说不上名字的韩国组合。初三时，肖女士没收过女儿的碟片，答应等女儿中考结束会还给她。

　　那时女儿小，虽然不高兴但不敢说什么。后来她中考考得不错，肖女士把碟片全还给她了。

　　从高一开始，肖女士的女儿迷上了韩国明星金秀贤，没事就泡在网上，加入影迷会，做什么站长、会长的。

　　到了高二，电视剧《来自星星的你》红了以后，女儿更迷，胆子也更大了，跟肖女士两口子说谎，和同学一起偷偷跑到外地看金秀贤的演出。

事后被肖女士发现后，气得撕掉两本女儿从网上买的明星杂志，没想到女儿竟然大哭大喊跟她吵，说妈妈不尊重人，干涉她的生活，把肖女士给气坏了。

之后，女儿跟妈妈冷战，一个月都不跟妈妈说话。她意识不到自己行为的严重性，多影响学习成绩，也不懂得父母的苦心，不仅没有改变，而且像跟妈妈有仇一样。

肖女士的先生不管女儿的学习，又比肖女士惯女儿，弄到最后就肖女士是女儿的仇人。

咨询的过程中，肖女士说自己上学时也喜欢过周润发，她爸爸上学时喜欢费雯丽，当时她还有同学是罗大佑的歌迷。但他们那时哪像现在的孩子这么迷恋，最多看看电视电影、买买杂志，也不敢做出格的事，更不会因此而顶撞父母。

肖女士的先生说她太紧张，但肖女士的担心不是没有道理。

肖女士认为女儿现在年轻，不知天高地厚，再这样下去就是自毁前途。还有一年就高考了，时间不等人，再不抓紧，难道以后再后悔？女儿现在不懂，但总有一天会感谢妈妈的。

肖女士这么教育女儿，没想到女儿跟她说，现在不迷以后才会后悔，现在不懂以后也不会懂。肖女士真不知道用什么办法才能让女儿头脑清醒过来，不这么沉迷。

做妈妈的心情我了解，孩子眼看一年后就要高考，还把一部分精力放在追星上，真是不知轻重缓急，难怪肖女士这般焦虑。

但面对肖女士，我的确很"惭愧"——坦白说，我自己就是歌迷，周华健 24 年的老歌迷。

　　24 年前的我，也是读高二，成绩不如肖女士的女儿，房间的墙上贴着三张周华健的海报，其中一张是我下晚自习后跑到一家新华书店偷偷揭下来的。高中期间唯一一次逃课（晚自习），就是为了躲在家里看周华健的电视访谈。这些可都算是"劣迹斑斑"。

　　那时，父亲反对我追星，理由也是怕影响我学习，每次电视台放到周华健，他就立刻粗暴并硬生生地调台。那时的资讯不像现在这么发达，人人都是自媒体——当时的途径仅限于电视、电台和杂志，能在电视上看到自己的偶像是非常难得、非常幸福的事。

　　时至今日，我还记得自己硬忍住眼泪，装作不在意的样子，但我和父亲的关系越发恶劣。我的心里充满了不被认可、不被理解，被践踏、被剥夺之后的受伤与愤怒，辛酸与苦涩。

　　经历了这些，我没能更明白大人的意图，学习没有变得更有动力、更集中注意力，反而照样心不在焉，照样叛逆，继续悄悄戴着耳机听歌，继续跟大人对着干，同时怀揣着种种消极、负面的情绪。

　　我的追星之路没有到此为止。

　　17 岁时，我在《语文报》上平生第一次发表文章，内容写的是周华健。

　　27 岁时，我有机会做了周华健演出的现场助理，从此与他相识。同年，我应邀参加了中央电视台《艺术人生》周华健专辑的现场录制。

32 岁时，周华健为我的处女作《低俗小说》题写了书名与推荐语。

这一切是幸运的，至少我这么觉得。

为什么这么说呢——因为我的偶像是位既有才华又努力的音乐人，他的作品带给人们感动与慰藉，也为他所在的领域赢得了应有的成就与声誉。同时，他拥有健康的形象，幸福的家庭——我为自己是他的拥趸而自豪。

还因为，周华健是我的榜样。像他一样，我有自己的梦想，我有自己努力的方向，有自己前行的目标。身为普通人，我有我的精彩，我要让他为拥有这样一个歌迷而骄傲。我，为自己骄傲。

现在，我也让我的父母放心了吧。那么，怎么能让你对女儿放心呢？

言归正传。

像很多父母一样，你不愿孩子的人生有任何闪失，你的生活经验和阅历远远超过女儿，你看到了她看不到的危机，担忧她终有后悔的一天。你为女儿规划的人生，如果她言听计从，那一定像绑上安全带一样保险。

可是事与愿违。所以，你不信任她。

既然她没有能力处理自己的生活，接下来，你开始行动，强制没收，甚至销毁她的心爱之物——当然，都是为了她好，以后她会懂的。她更小的时候，这方法还算灵验，可是，现在的她不仅不领情，而且情绪激动，反弹强烈，亲子关系也跌入冰点。

怎么会这样？

打个比方，你像一个好心好意要为别人收拾房间，但不经同意破门而入的热心人。这样的好意，在对方看来是强盗逻辑——实质上是种侵犯行为，侵犯了对方的内心世界，自我价值。

自我价值被否定，促使对方启动"自我价值保护逆反"；一再禁止，激起了"禁果逆反"；三番五次，又触发了"超限逆反"——三大逆反叠加，结果可想而知。

不是说你的担心毫无道理，高中阶段时间宝贵，玩物不免丧志，重点是如何有效地解决。

上古时期，大禹之父鲧用"堵"治水，洪水九年不退。轮到大禹，他采用了"疏"的新举措，最终将肆意的洪水驯服。咱们智慧的老祖宗已经发现，凡事若论解决之道，宜疏不宜堵。

孩子的问题，首先是父母的问题。孩子的成长，首先要父母成长。那么，勇于成长的父母，先要疏通自己的心。

你的女儿追星真的是一件不知天高地厚，自毁前途的事么？

事实上，偶像崇拜是不分时代、不分种族、不分年龄的一种普遍现象，多发生在青少年时期。这个阶段"自我"发展迅猛，虽然远不够成熟，但能体会到更多力量和更大需求，父母已不再是担当遵从模仿的对象，反而更像自我前行的阻碍。

此刻，偶像能更好地满足自我的心理寄托，成为行为样本的载体，经由自我赋予其意义，再按照自我的方式相信并效仿——

回顾人生，最让我们心驰神往的面孔，最让我们感慨万千的旋律，总是出自青春的记忆。

你也说自己年轻时（换算下来是上世纪 80 年代）做过影迷，同学也曾是歌迷。你们不像时下的年轻孩子那么迷恋，这与时代背景、社会文化、传媒水平都密切相关。比如当时没有"歌迷会"这种事物，互联网更是天方夜谭——和当下难以同日而语。

今天的青少年，从心理到眼界也无法和 30 年前相提并论，"60后"的你不敢出格，"70 后"的我只敢晚自习逃课，"80 后""90后"的孩子则会结伴去外地追星。

身为成年人和妈妈，我明白你的焦虑不安。身为咨询师，我客观地看到年轻一代的独立自主，敢于尝试，甚至羡慕他们张扬、沸腾的青春。

说到底，偶像崇拜之于青少年，是成长的需要。

既是未成熟的年纪，希望当事人时刻保持理智，像成年人那么成熟稳重，老气横秋，那么"不发少年狂"反而不合情理。

追星不是错，除此之外，还有很多利好。

一个人崇拜的对象往往是在某个领域获得一定成就的人士，其为人处事、经历遭际不乏可圈可点之处。青少年受暗示性强，模仿性强，可塑性强，成年人不失时机地加以引导，很可能让偶像成为他们努力奋斗的范本。

比如金秀贤，就是一位拥有天赋又很勤奋的演员。

在母亲的建议下，自小腼腆的他选择了学习表演来突破自我，从此走上演艺之路。高中三年的学校调查表"理想"一栏里，他都填着"演员"二字。

拍摄电视剧《来自星星的你》之前，他已有多部作品斩获大奖。为演好生活了 400 年的外星人，他甚至去进修天体物理学。

虽然年轻，出众的演技已使他成为口碑和奖杯、票房和收视的大赢家，同时他自信、爽朗、诚恳、谦和的个人形象，也收获了同行和观众的赞誉。

厚积薄发，一部《来自星星的你》创造了他在亚洲乃至世界范围内的影响力，2014 年的南京青奥会和仁川亚运会相继邀请他参加开幕式表演。

因为被他的演技吸引，他的大部分作品我都曾看过。在我看来，他不是靠外表作秀，而是真正有实力，有梦想，肯努力的人。你女儿选择他作为自己的偶像，恐怕不能算是件百害无一利的错事。

不分青红皂白地否定孩子的选择，就像堵住青春的洪水一样危险，后果难免是情绪失控的泛滥。想要让她信服，与其堵，不如疏。

换作是我，会去了解女儿的偶像，了解女儿为什么崇拜他，发现他的过人之处，放下身段，放宽心境，与孩子一同欣赏，在过程中因势利导，启发孩子从他的经历中收获前进的力量。

这样的我，会和女儿聊得很愉快，被她所接受，进而获得她的信任。这样的我，能设身处地去懂她，给出的建议也会显得贴心。

这样的你，不再像仇人一般面目可憎，而是懂得尊重和包容的睿智妈妈。这样的你，和孩子在一条战线，说话便有了分量。

此时再和孩子做个约定：

给她一定的信任，允许她保留自己的心理空间，保证不再没收或销毁她的个人物品；建议她珍惜有限的时间，合理计划，劳逸结合，不反对她继续参与歌迷会事务，但要减少精力、时间的投入（比如每天为此上网半小时）；在高考前不再发生去外地追星等行为，高考之后的暑假期间可由她自由安排。

一个得到信任与理解的人，会竭力使自己对得起这份贵重之礼。一个得到空间与尊重的人，会自觉地用理智和约束来承担责任。

有时我想，如果当年我的父母能这样对待我，年少的我大概会让他们更放心，今天我的记忆也会好得多。

青春一去不返，机会只有一次，年少无知可能会后悔，但暮气沉沉地度过也许会更后悔。堵住青春汹涌的热流，不如开沟掘渠，指引它向更广阔的方向奔涌，让激流成为浪潮，汇进生命的大海。

2. 离婚，孩子也有知情权

在电视里看到过很多这样的桥段：为了孩子，情感已经疏离甚至背离的父母坚持不离婚，更有甚者办了离婚证，也佯装在一起，不让孩子知道他们已经分开。

这样的桥段，也出现在了我的咨询案例里，最让当事人纠结的，就是如何告诉孩子——父母要离婚。

　　咨询者珍姐，18 年前经人介绍与丈夫相识。当时丈夫高中毕业，家里条件不错，也有一份稳定的工作，在家人的主张下，两人短暂相处了半年就结婚了。

　　婚后，珍姐发现丈夫性格粗率，不求上进，更谈不上有什么思想，人倒是比较简单。可自己跟丈夫一直没有共同语言，也没有产生过真正的感情，只是得过且过着。

　　6 年前，丈夫背着珍姐出轨过。珍姐虽然觉得很愤怒，却并不怎么伤心，这更让她明白，丈夫对自己来说可有可无。

　　就在发现丈夫出轨后，珍姐开始和他分居。其实，珍姐早就感到自己越来越瞧不起丈夫，他的出轨也正好给自己一个远离他的借口。丈夫一开始不情愿，后来时间长了，也只得接受。

　　虽然住在一个屋檐下，珍姐和丈夫相互间很少交流，关系比冷战好不了多少，但对外包括对家里亲戚都装作很正常。

　　他们的儿子今年上初三，个性不是很外向，珍姐觉得多少和家庭环境有关。尽管夫妻俩也算有默契，尽量不当着孩子面争执，不过孩子应该知道父母感情不好。有一回，两口子起了点争执，事后孩子甚至主动跟珍姐说：你们离婚算了。

　　最近，珍姐和丈夫有一次很激烈的争吵，起因其实很小——珍姐想，可能是自己总看丈夫不顺眼，丈夫觉得憋屈。当时孩子也在家，见父母吵架就进了房间，用力甩上门，几个小时不出来。

　　珍姐隔着门听见孩子闷闷的抽泣声，还在跟谁打电话。后来孩子终于开了门，但一言不发，也不理睬父母。

这样过了好几天，孩子才开口说话。

原先，珍姐维持婚姻，有一部分因素是想给孩子一个完整的家，如果没有孩子，自己恐怕早就选择离婚了。而丈夫似乎也并不留恋这个家，成天在外打牌。自从这次争吵之后，看到孩子的反应这么大，珍姐心里也明白，再勉强维持对孩子也没什么好处。

慎重考虑后，珍姐准备在适当的时候提出离婚。

如果离婚，不可能瞒着孩子，但珍姐不知道怎么和孩子说。她怕孩子不能接受，不愿父母真的分手，又怕影响孩子的学习，或者影响孩子的成长。

珍姐举棋不定，左右为难，所以来找我。

我其实很赞同她的态度，无论是谁，离婚都是一桩对人生有重大影响的事件，每个环节都需要慎重对待，尤其是涉及孩子的部分。

以"没有共同语言，没有真正感情，分居 6 年"的客观情况来评估，珍姐的婚姻确已名存实亡。

珍姐当初继续维持婚姻的主要原因是"想给孩子一个完整的家"，这也是很多婚姻得以维持的动机，这个方案是否有效，事实已然给出了答案——只能做到形式上的完整，犹如愿望的空壳。

在一次家庭危机后，孩子的反应最终让珍姐意识到这样的家庭现状终究只会给孩子带来伤害，这个拐点促使她下了决心，做出离婚的决定。

决定离婚，告知孩子是有必要的。很多父母，尤其是母亲都希望给予孩子充分的保护，故而勉强维持不幸的婚姻——这样的家庭反而对孩子造成了持久的、不可逆的伤害，最终得不偿失。要知道，一对长期不睦的夫妻也许瞒得了别人，孩子却一定是知情的。

鉴于孩子的年龄与理解力，不加以正确引导，会产生误解、猜疑，进而感到羞愧、自卑、愤怒。

我有一些成年咨询者，因为当年父母离婚时采取回避的态度，未与他们正面交流，而留下种种心理创伤，影响到成年后的价值观和婚姻状态。

假如决定离婚时，孩子尚年幼，可以用他能理解的语言逐渐告诉他。如果他的心智已经能够了解父母的婚姻状况，应在离婚前直接与他交流。如果孩子恰逢升学或其他关键时期，当推迟交谈时间。

珍姐的儿子今年初三，大约 16 岁，不妨选择在进入高中前的暑期进行交流。在此之前，珍姐和先生最好能相互协商离婚事宜，尽量以协议方式确定财产划分，抚养权的归属或抚养形式，为孩子的未来做好计划。

接下来，分步骤进行告知。

一、双方需要达成几点共识：

1. 不把错误归咎于对方，了解婚姻失败是双方的原因；

2. 不在孩子心中播种仇恨，以破坏对方形象来争夺孩子的爱与认同；

3. 父母双方或与孩子交流较多的一方完成告知工作。

二、 在告知之前，要做好以下的准备：

1. 陈述内容尽量客观完整，不要带有过多个人情绪；

2. 可以流露感情，和孩子分享父亲或者母亲作为一个普通人的真实感受（包括困扰、痛苦、失落、犹豫等）；

3. 在能够告知的前提下，尽量告诉孩子更多的事实（比如父母早期的相处，以及一些他不了解的情况）；

4. 允许孩子问问题，并表达自己的悲伤和愤怒；

5. 理解孩子所有的反应，先认可，引导他宣泄，后安抚。

三、 对孩子"说什么"很重要。

除了讲述离婚的决定和原因，还要告诉孩子：

1. 离婚是因为我们不相爱了，和你没有任何关系，而相爱是无法勉强的，就像你无法勉强自己和不投缘的人做朋友；

2. 我们虽然不再是夫妻，但还是你的父母，这个事实任何情况下都不会改变，我们永远都会爱你，会在你需要时不离不弃；

3. 你是大孩子了（超过 3 岁的孩子就可以这么说），其实清楚我们的状况，如果我们分开就不会再继续彼此伤害，也不会因此伤害你；

4. 每个人在生活中都难免会遭遇挫折和失败，我们希望自己有勇气、有智慧面对失败，给错误画上句号；

5. 不破不立，新的开始可以让我们三个人重新获得平静和快乐；

6. 相信你能理解这个决定，所以我们把这一切原原本本地告诉你。

四、 其他。

告知要选择没有干扰的时间和地点，态度郑重、坦率、平等、中肯。

遇到孩子反应强烈，行为过激，要承诺暂缓离婚，先搁置不议，直到他情绪平复后，再与之交谈。

只有让孩子拥有一定的知情权，才能帮助其正确理解父母离婚的实质，安然渡过危机。

其实，把握得好，通过对离婚的妥善处理，父母反而能给孩子一些良性示范，连带消除部分因不良婚姻造成的伤害。

也许，我们要把它当作一个机会，让孩子看到父母面对人生危机时的从容、坦率、勇敢、慎重、积极、自主和互相尊重、谅解、合作。一对这样的父母，不是孩子生命中最好的榜样么？

3.这世上有两个普通人

傍晚，我坐在车上。车窗之外流光溢彩，电话响起，是青青打来的。

先要说起前一晚，她忽然来电话，情绪激动地说，她父母反对她继续做心理咨询，说她咨询之后没有好转反而更差，而她感到自己明明有进步，想让我和她父母谈，随即把电话给了父亲。

青青叫我朱佳姐，她父亲可能不知怎么称呼好，就顺着叫"大姐"，于是，我和一个比我年长二十多岁、叫我"大姐"的男人开始在电话中交谈。

由于自身性格特征、生活经历、家庭教养等综合因素，青青的精神世界与现实世界脱轨，认识逐渐演变为异常。经过成因梳理和诊断，她的问题主要来自家庭刻板的教养方式，青春期对两性认识的歪曲，最终发展为异性恐惧症，同时伴有人格问题。

青青对异性的恐惧不仅表现在不敢对视，害怕接触，回避交往，还常常凭空生出各种关于性的幻想（非精神病性幻觉妄想）。幻想对象从父亲泛化到所有异性，内容从互生好感到受到侵犯不一而足。

虽然青青知道这只是自己的想象，但难以克制，也分辨不清（也许真的会发生），这使她无法抱持平常的心态看待异性，也对这样的自己无法接纳，充满了羞惭和自我贬低。

社会功能受损，人际关系敏感，她在外面到处碰壁，对内与丈夫难以沟通，最后婚姻也走到了尽头。

回娘家后，她经常在家循环上演"易激惹三部曲"：急躁发怒——后悔——加强压抑和控制。一段时间后，再次重演，其中后两步使她更加委屈，过分的压抑、控制又让下一回的暴风雨更猛烈——距离最近的一次使双亲都深受其累。

青青有过高的、刻板而僵化的道德标准，如果她成长为一个普通女孩，应该很想尽孝——即便现在，她也经常告诉我，父母对她的付出和包容，而且屡屡因"我不应该对父母这样"陷入自罪、自责。

父母上了年纪，身体都不好，接连被她气得病倒，她也知道自己不对。但青青生活在自己的世界中太久了——里面一度只有一个自卑、恐惧、怨恨、多疑、压抑，紧紧包裹的自我。

这样的她不会与人相处，不知道考虑别人，很久之前就丧失了体会他人感受的能力。

她后来的几次咨询，每次在咨询结束后，都要就事先说明的额定咨询费用讨价还价。她说，她觉得我之前对她的好全是虚伪，是为了钱，说她之前感到效果很好，因为现在我要她缴纳咨询费，所以感觉不那么好了。

咨询师是人，心理咨询是一份工作，我应该为自己辩护么？到了需要这么做的地步，可想而知我的心情。她这样对我，意味着她对父母的伤害更直接，更无所顾忌。

青青让我不快时，我会尽量管住自己，并且坦率地告诉她："你的做法让我很生气，但我相信你这么做是有原因的。"

这种技术属于"自我开放"，向咨询者表达咨询师个人的感情，通常用来传达正面信息，进行正强化。如上述传达负面信息，属于极少数情况，亦是不得不为。

利用这个"机会"，我向她示范如何正向地、完整地表达情绪，帮助她认识自我，认识他人，了解人际关系的界线。

最近一次，她未经预约一早打电话来希望咨询。我前一晚咨询到深夜，当天上午原想休息，考虑到她的情况紧急，于是让她直接来我家。她怕我没吃早饭，在附近特地买了牛奶和面包带给我。

我能看到她在努力，在进步。因为艰难，所以更有价值。因为勇敢，所以更加可贵。我在心里为她鼓掌——但我很清楚，这是一个漫长的过程。她不合理的认识，她心中累积的怨恨，她在心理困境中的挣扎、煎熬，她在咨询过程中痛苦的阻抗、觉醒和动摇，使她距离我们的常态，还有一段路途。

当天，青青又一次情绪失控，不顾母亲生病卧床，向父母大喊大叫，宣泄自己的怨恨、不满，在刚刚装修不久的家里砸了东西。我可以体会到她父母那一刻的气恼、失望和心寒。

电话里，我首先对她父母的状态与感受表示理解，接着简要地告诉她父亲，她问题的根源，目前的状态，咨询的进程，以及应该怎样看待和接纳这样的她。

我告诉他，她有一套独特的意识体系，与客观不一致，与大众不相融，她的行为确实难以理解和接受，但最痛苦的，是她自己。既然我们站得比她高，看得比她对，比她更有能力包容，我们便要努力尝试，尽可能给她耐心。

我想，他听进了我的话，虽然他没有可能做到以一个心理咨询师的眼光和认识看待自己的女儿——我听到的是，他一直用辩解的口气说：我们已经尽力了。

我相信，我知道。十多年了。

有一次，青青说父母对她很"残忍"：当她还是个孩子的时候，他们漠视她的尊严，忽视她的需要，也许还践踏了她的情感。

我要说，在你的立场上，我完全理解你。然后我帮你从新的角度去看，看看你自己是否真的尊重和了解父母，是否也同样"残忍"。

某28岁的男孩对我说过下面这段话："父母是最残忍的一种人，是最能误导一个人的，他们完全不会站在你的个人感情上感受，只会站在自己责任的角度上。"

这话说得好，父母常常是这样。我们又何尝不是？

做儿女的我们，认为父母应该明白自己，不然就心生怨恨，自己却做不到体谅他们的行为，发现他们的爱；做父母的我们，以为自己在尽心尽力为儿女好，却不关心孩子有什么需要，到底怎么想，是什么感受。

爱是残忍的，因为它是自私的。

我们渴望没有隔阂的爱，却把不加修饰的"自我"横在当中，如果你能够拿掉自我，不妨依然保留下距离，填充进尊重。

但这不是我现在想说的。

事隔一天，青青来电话，告诉我，她父亲说，一定要她感谢我。

我做了什么？我可以说，我是个尽职的咨询师，理应得到感谢；我更想说，她父母感谢我，因为是她父母。

这世上有两个普通人，也许终其一生不能了解你，不能理解你，不能尊重你，不能认同你，但他们始终不会放弃你——不是出于什么高尚的情操，什么了不起的原因，也不需要。

重要的是，没有人，能像他们。

4. 青春的隐秘

这是我刚做心理咨询师那一年的事。那时候比现在清闲得多，一周的咨询不超过两个，百无聊赖的我把时间花在上网和打扫卫生上。

8 月末的一天上午，大概十点多，我在做体力活。之前托人找来一块剩余的木工板，拿来垫在咨询者坐的长沙发下——沙发软，坐久了不舒服。

正当我一只胳膊抱着木板，另一只手拽着两块巨大的垫子时，有人轻轻走了进来。

我狼狈地回头看去，是一个小男孩。说他小，也有十六七岁了。

我匆忙整理好沙发，请他落座。他中等个头，瘦瘦的，长相端正，有些书生气，看来是个本分的孩子，或者说，是个好学生。他略显拘谨地坐着，两腿并拢，目光下垂，表情压抑，但并不迟疑。

我注意到他双手不安地交握，问他有什么需要我帮助。他脱口而出："朱老师，我手淫。"

说实话，我没有料到他会这么直率。

这个话题并不让我惊讶和为难，但与一个陌生人谈论自己的隐私时，多数人都会做点迂回。当然，也正因为他是个少年，所以掩饰的程度还没有成年人那么高。

接下来，我引导他说出详情。他叫李跃，是个重点高中的学生，班上的班长，成绩一直出类拔萃，暑假之后就要升高三。

初二起他开始手淫，并没有觉得不对，到高二下半学期因为一些小事，忽然意识到这是"坏"事，觉得别人都不会这么做，决定戒掉，但始终都做不到，而且时刻担心会被人发现——如果老师、同学知道了怎么办，他们要是知道他竟然是这样一个人会怎么想？

近半年时间受困于此，在各种思绪中惶惶不安，焦虑，抑郁，失眠，注意力难以集中，成绩开始大幅下降，从全班前几名掉到二十多名。

老师、家长不明就里，以为他学习压力太大，只有他自己清楚这不可告人的难言之隐，却走投无路。

李跃说放假前曾给我打过电话，但我没有印象，大概在电话中他不曾涉及问题本身。选择开学前两天来咨询，可见他内心的冲突已经无法自我调节。

深入会谈，我了解到他手淫的频度大概每周两三次，并无异常。看起来这是个行为问题（强迫倾向），实质上是与道德有关的认知问题。

成长过程中产生的错误观念（刻板的道德观），对现实问题的错误评价（手淫是种罪恶），青春期，自身个性（内向、富于内省、追求完美），以上种种共同作用，使原本简单正常的事持续发酵，泛滥成灾。

由此可见，"手淫"只是一颗长出心理问题的种子，换成其他种子掉进这片"沃土"，也可能随时长出遮天蔽日的大树。假如要连根拔起，并且防患于未然，得翻新这片土壤，那不是朝夕之功，眼下要先砍了这株植物。

显然，他认为手淫是不被允许的坏事，他自己，当然就是见不得人的坏人，既不接受手淫也不接纳自我，苦恼、挣扎可想而知。反过来，帮他理解手淫的本质，以科学、客观的眼光看待，改变认识，从而接纳自己的行为，并接纳自我是比较简捷易行的路径。

我比较多的运用了解释技术，和他的会谈涉及内容大致如下。

性是人类最基本的需求之一，也是人类存在的必要条件。如果单纯从生物角度看，人就是性行为的产物——因为性，我们得以繁衍，进而创造出人类文明。

性对人来说和睡觉、吃饭一样普通，满足性需求是基本的人权。对性，显然不必，也不能去"戒"，而要"疏"，自慰就是办法之一。

"自慰"是科学术语，常见说法叫"手淫"，这个词常用，但带有明显的贬义。还有一种更书面的别称叫"自渎"，也含贬低之意。主流文化的偏见认为，自慰是性行为的一种补充，而科学的观点则是，它是标准的性行为方式之一，一种正常的生理现象。因此，将正常冠以"淫"字正反映了大众认识的偏狭。

就他十六七岁的年纪，性发育已然成熟——在西方社会，十多岁品尝禁果实属平常，再回溯我们的历史，古人在这个年龄都娶妻生子了——汉武帝 17 岁邂逅了未来相伴 49 载的卫子夫，后者是中国历史上第一位拥有独立谥号的皇后；苏轼 18 岁娶了 15 岁的王弗，后者让他留下了"十年生死两茫茫"的千古绝唱。

身为现今的中国人，我们生活的时代背景和意识形态，这个年龄还不充分具备获得两性之爱的社会条件（如果一个高中生公开做出这等事，恐怕不是被家里威胁打断腿，就要被学校勒令退学）。

身不由己，心有旁骛。所以，通过适度的自慰宣泄性能量，满足性需求，不仅无关道德，而且是正当的、自然的个人权利。不光是他，不分性别、年龄、种族，所有人都有可能，也都有权利这样做，比如他的父母，老师，同学。

自慰本身没有任何危害，有危害的恰恰是对自慰错误的认识——或者主观臆断其会严重伤害身体；或者认为是肮脏、罪恶的，深陷道德旋涡；或者兼而有之。当然，过度手淫就跟暴饮暴食一样，过犹不及，于身心健康无益。

之所以有以上的错误认知，除了一个人自身的认识水平，还跟家庭和学校教育密不可分。多数家长对性教育讳莫如深（李跃说，父母从来没有跟他说过类似的话题，只旁敲侧击叫他不要早恋）。

学校呢，也就轻描淡写地上过几堂生理卫生课（李跃说，老师跳过了"敏感"章节，让他们回去自己读）。

这两个教育主体传达出的信息，不是狭隘、刻板的贞洁教育，就是含糊其辞的生理知识——只会让无辜的性套上违禁和诱惑的外衣，致使少年们另辟蹊径，从不当渠道获取"知识"。

如此，在正统教育和生理需求之间挣扎，演变成剧烈道德冲突，乃至心理异常的大有人在。很多人和他一样担忧自己的行为会曝光，会被众人耻笑，实际上只是心理投射和焦虑感产生的误判。

自慰行为是个人隐私，如果不存在影响他人和触犯法律的性质，自慰只发生在个人的私密空间（李跃说，他只在自己的卧室自慰），几乎不会被他人察觉。

会谈时的大多数时间，李跃在仔细地听，有几次我表述科学的性观念时，他会惊奇地抬起头看我。有时他补充一些情况，或根据交谈发表自己的看法，听得出他一直在跟随会谈的内容思考。

咨询尾声，我请他总结，他说："很多事以前都不知道，从来没听说过……现在觉得好像已经解脱了。"

我建议他今后遇事先放轻松，尽量建立科学的认识，再有困惑，可阅读相关专业书籍寻找解答。

道谢后，他走得很迅速，我听见他下楼时跳跃的脚步。

就咨询目标而言，手淫之惑是短期目标，个人成长是长远目标。半年的困惑用90分钟化解，当务之急基本解决，我知道，他不会再来了。估计他是拿自己的零用钱付的咨询费，钱不够我还多送了些时间给他。

果然，他再没来过，我想他大概不再纠结于此。现在的他，总有二十六七岁了，该是个成熟的小伙子了。

和李跃类似的情况，后来我还遇到不少。

程实，高三男生，社交恐惧，对视恐惧，强迫症状。咨询进行到三个多月时，忽然在一次咨询的开场，他掏出一篇文章交给我。

他涨红了脸，说现在可以完全信任我了，才鼓起勇气把以前没说过的情况告诉我——但因为说不出口，所以写下来。

他的字歪歪扭扭，力透纸背，好像用了很大力气去写，就像那些字不好的人一样，倒是容易辨认。

文章大意是他经常手淫，次数很多，控制不住自己。这倒罢了，更重要的是他会经常幻想自己的女同学，他担心被别人误解，觉得自己思想肮脏，卑鄙下流，令人不齿。

我先感谢了他对我莫大的信任，肯定了他的坦诚和勇气，然后告诉他，我能够理解他的苦恼，而且完全接受这样的他，不会因此改变评价，反而觉得他更真实，因为他并没有做错什么。

然后，我打开电脑百度有关"性幻想"的新闻，跳出一大堆中外明星、名人的公开言论。接下来，我翻开《变态心理学》书中性心理障碍的条目，让他了解自己的问题不属于异常；我又拿出《海特性学报告》，让他阅读有关自慰和性幻想的章节，看看那些和他一样的普通人。再之后，进入会谈。

虽然他一直满脸通红，最终还是平静了下来，表示这个问题应该能放开了。我们约定，以后再有困惑随时交流，之后他没有再提出类似的问题。

夏荷，大四女生，广泛性焦虑症，失眠症，强迫症状。咨询几个月后，有一次她面有愧色，吞吞吐吐地说，一直想告诉我，但并不是不信任我，或担心我不接受她，只是自己不好意思开口——自己从高中开始就手淫，近来因为焦虑，行为上发展出强迫倾向，因此更加焦虑，陷入情绪、行为相互作用的恶性循环。

我和她的咨询关系很不错，如她所说，不是不能面对我，而是不能面对自己的自我。相比前述两个高中男生，她对性的认识水平高一些，理解和接受能力更好，所以困扰程度相对较轻。

艾妮，女性，30岁，职高教师，惊恐发作，心境恶劣障碍。丈夫患慢性疾病，两人长期性生活不和谐。她说自己自结婚以来从未获得过高潮，经常做性梦，有被强奸的性幻想（其实是常见的性幻想之一），也因此常常有罪恶感。有时她想用出轨来满足——虽然也有追求者，但自己生性保守，不可能付诸行动。

咨询进程中，我建议她以自慰来解决自己的需求（研究表明，自慰的快感通常高于性生活）。她觉得这样做违背自了己的道德观，虽然也好奇、渴望，却从未尝试过，也不知如何进行。

比较年轻的咨询者，特别是身处青春期，常常为一些成年人眼中的小事（自慰、青春痘、暗恋……）深深困扰，结合年龄来看其实很正常，自我认同的终身课题已经开始。他们认知有限，但思维活跃，可塑性强，在这个时期及时解决问题，远远好过一路逃避，长大成人。

最后，当一些成年咨询者坐在我面前，诉说从年少至今的苦恼，拘泥于眼下的困境，追悔当初没能及时处理，我也不免苦恼。事到如今，积重难返。

说回自慰。一种正常的性行为，因为错误的认知让多少人陷入痛苦和无望不得而知，但我敢说，这个数字远远超过你我的想象。而自慰，只是性知识、性科学的沧海一粟。

性是人类的本能，但它并不像呼吸、饮食、排泄可以无师自通，中国古代的春宫图就承担着性教育的部分职责。

时间行进到今天，性教育早已不再局限于对性行为本身的了解、学习，而是从婴儿后期（2~4 岁）开始直至成年的，涵盖性科学、性道德、性文明的社会化过程，涉及家庭、学校、社会三方教育的系统工程。

比如英国政府规定，必须对 5 岁的儿童进行强制性性教育。良好的性教育会让孩子对性、性别、性别角色三者的认知客观、合理，自然地接纳自我，尊重他人。

事实是，好多中国人的"性学导师"大多是色情文学和三级片，即便如此，不乏到了二十几岁还云里雾里的。连我自己在内，也是这样稀里糊涂地长大的。

算是运气好，我一向有个特点，遇到困惑，关心的不是现象——做什么，而是现象背后的原因——为什么做。十几岁时我去新华书店，经常悄悄躲在书架后翻看一些有关性知识的大部头书，虽然那些图解和术语看得一知半解，但好歹是科学知识。

我个性里还有点百无禁忌、见怪不怪的味道，除了大是大非，对很多边缘、争议、禁忌的事颇有弹性——如果不是这样，我几乎肯定自己会发展成经年的强迫症（14岁时我有过半年多的强迫思维，后来找到方法自愈）或其他焦虑综合征（31岁时，我克服了困扰近30年的演讲恐惧症）。

总之，这样的我做了咨询师。

我接触的案例，半数涉及到性，或以此为主要的咨询目标。轻者如自慰，性观念偏差，性生活不和谐等等；恋物癖、窥阴癖在性心理变态中算是常见的；少数比较有难度或性质边缘的，从性侵害，受虐狂到乱伦，不一而足。但，以上全部，确是会发生的。

告子说：食、色，性也。孔子说：饮食男女，人之大欲存焉。先贤都尊重人的天性，你我呢？

当我们从孩子到长大成人，到为人父母；当我们从面对父母，到面对自我，到面对如当年的自己一样幼小而懵懂的孩子……我们希望他们成为怎样的人，就要先努力去做那样的人。

——那坦然地，文明地，谈性说爱的人。

5. "受骗"与随喜

　　老友阿汤告诉我，刚听说小学同学海鸥的女儿四年前得了白血病，最近孩子情况不大好。海鸥是我一年级时的同桌，已有十多年不曾谋面。

　　做妈妈之前，我只在理智上知道母亲对孩子的感情，有了孩子，我才真正明白那无论如何也不能失去的揪心。遂和阿汤合计，帮海鸥做点事，她联系同学，我张罗媒体，多方募捐。

　　忙了一阵，反响不错。这当儿，有人在网上发帖，说海鸥一家明明有房产，并未倾家荡产，比其可怜的大有人在，言下之意倒是这家人借孩子的病敛财。

　　这话，不理也罢，但我们是"始作俑者"，若帮了人，又害了人，于心不安。于是，征得海鸥的同意，用两天时间写了万余字的《我们的爱心被骗了么》放在博客里。

　　在整理资料时，海鸥说："我有种被脱光衣服的感觉。"我说："要这样想——那是因为，你不需要掩饰。"

　　海鸥最难过的是，担心那些已经帮助过他的人，感到自己被骗了，她不知怎么解释。

文章的最后，我写道：

有一位长寿老人说，活着最难的，就是与生活和解。

需要与生活和解的，有海鸥一家，有我，有你。也包括，前述发帖者。

言归正传，昨天下午我收到一连串短信，是一个咨询者，年轻的 titanic 看到博客后发来的。

titanic 是恐惧症和强迫症患者，刚刚结束高考，已经咨询了两年。

他每次来都很乖，是标准的好孩子、好学生，但思维刻板，认知僵化，缺乏弹性，过度保护，谨小慎微，追求完美（正是滋生强迫和恐惧的丰饶土壤）。他很有礼貌，也还配合，会思考，会提问，但显得过分顺从（一种阻抗表现）。

他按时按点来咨询，早来了就在楼下等，到点才上来。在这样的表象之下，我发现他其实挺有思想的，有时说句话出来，极具灵感，偶尔流露出的真性情，带着孩子气，但有成人早已失去的坦然、率真和无畏。

林恳出生后，月子里的我还安排了一次咨询，就是为 titanic。当时他面临小高考，考虑到是他人生的关键时期，我不想怠慢——我穿着睡衣靠在床上，他拿个椅子坐一边，虽然不大正规，但救急没办法。

结局是，最后他考得不错，顺利过关。

　　高考前，我们暗暗担心的事还是发生了。他在摸底考试全班第一的情况下，厌学离校，闭门不出，晨昏颠倒，情绪激烈，行为暴躁，完全自暴自弃。

　　我建议他父母先请班主任出马，人已经到了小区，他听见妈妈和其通话，抢过手机砸了，班主任只得打道回府。父母觉得他像疯了，无计可施，一筹莫展。亲友出面也都一一碰壁，无功而返。家里人人噤若寒蝉，小心翼翼地待他，当他是发作期的精神病人。

　　我最后出场，前去"家访"。等了两小时，他才蓬头垢面地出现，往沙发上一摊，全无往日的形象，态度极其抵触。

　　我不理会，跟他家人漫谈两小时，他间或插话，言语粗鲁，说明其实一直在听。之后，我请大家离场。

　　单独面对他，我用了"自证预言"＋"教师期望"——前者预言他不是疯子、病人，完全有能力做出正确的抉择；后者认为他可以更好而没有达到应有水平，因此严厉责备。

　　我有技巧地怒斥他三分钟："好啊，你小子有血性，我就知道你没那么乖，有血性用到正道上去，别在这儿胡来。你知道该怎么做，根本不用我们这些外人废话！我清楚你不是没骨气、没勇气的人，所以一直信任你——希望你真能让我瞧得起！"

　　如此云云。他垂头坐着，全程沉默。说完我拂袖而去。

　　急症下猛药，其实我也忐忑不安，不知这一剂续命的药有没有效。如果不参加高考，这心高的孩子恐怕再难站起来，前路黯淡。该往哪个方向走，决定权始终在他手里，我只是个向导。

　　两天之后，他做出了选择，回到学校，开始坚强面对自己的人生。几天后，他发给我短信说："我也很佩服我自己。"

　　长吁一口气，我心想，这小子是老天爷派来考验我的。

　　来看他回的这条短信：

　　"刚在网上看到关于爱心捐款的事……有点小想法，关于之前说的志愿者反悔（注：我曾和海鸥一起到电视台录制节目，关于他们遭遇的骨髓配型成功后志愿者拒捐一事，谴责还是接受）：

　　"一开始觉得是有点气愤，后来感到没必要，就像我之前刚看完这事就有捐款的冲动。后来，高考成绩没下来心情不好，就把这事搁一边了，因为我自己还不知道到哪上学，没心思去管别人的事。

　　"志愿者反悔也有可能是遇到什么情况，这种捐献我觉得特别是对'80后''90后'来说，能维持一年左右的热心就很不错了，至于说什么一辈子负责，那是天方夜谭……

　　"关于爱心受骗：首先我自己是相信这家人的，至于网上出现的帖子也未必是坏事，至少它起到了一个提醒作用。我自己其实不太在乎是否受骗，因为如果我捐款既是对他人的帮助，也是对我自己行为的一种肯定，一种奖赏，就算他是骗人的，那也只能骗我一次，但我内心的阳光永远真实！"

　　Wow！

　　似乎是弗洛伊德所说，心理咨询师是世间最难的工作之一。这份工作仅凭一己之力无法完成，因之面对的不是事，是人，是人心、人性，故不是力气活，只能靠巧劲，四两拨千斤。

我的工作与快乐无缘，开心的人从不来找我。压力高，过程煎熬，需要无比耐心，成就感低，来得又慢——但有时，意外的，有回报。

titanic 的话坦率又实在，还有中肯的换位思考，真诚的乐观、包容。你可以说他太年轻，但因为年轻，他的文字才这么掷地有声，有生命力。

今天，我偶然看到星云大师在《舍得》中关于"随喜"的一段话：

社会上，多少人慈悲为善，救助伤残，我给予随喜赞助；社会上，多少人励精图治，建功立业，我给予随喜赞美。"随喜"真是美好而有德的行为。

做好事，说好话，我虽然没有能力为之，但是你做了，你说了好话，做了好事，我很欢喜，我"随喜"赞叹。

佛说：果能如此，其功德与亲自去做没有分别——可见"随喜"在为人处世之道上的重要。

遗憾的是，现在社会，有随喜美德的人毕竟太少了，大部分人都有些幸灾乐祸。例如，你有钱而资助伤残孤老，他批评你所做的只是九牛一毛；你经济拮据，但对善事也赞助若干，他却说你打肿脸充胖子……

整个社会因为没有养成随喜的习惯，到处任意批评，肆意践踏，这样的社会里哪里还能有好人好事呢？

这个社会，你好，你善，你大，你富，我嫉妒你；你贫，你穷，你笨，你愚，我看不起你。你不行善，我来行善，你批评我不是；我待人慈悲，你不慈悲，你说我慈悲不够。

任凭你怎么做，他都要中伤批评，令人不禁想问：你希望这个世界，你不行，他不行，大家都不行，难道要大家同归于尽吗？

读到此，你的脑袋里会不会冒出位老和尚，一脸慈祥，循循善诱地说：难道要大家同归于尽吗？

不禁一个人在家大笑失声！

下面的真言看不下去了，把书一丢！

心情大好！罪过罪过！

但大师不会怪我，他有如此幽默感。

难道要大家同归于尽吗？你读读看。

6. 交织的时间

那些我们共同度过的时间里，我们各自存在于各自的时间，拥有迥异的生命体验——

那些我不在的时间里，他们存在于自己的时间；那些他们不在的时间里，我存在于自己的时间；那些我们都不在的时间里，无数人存在于自己的时间。

上篇　M

初中同学毕业 20 周年聚会，我刚到，就有个男生 M 迎上来对我说："你还记得我替你洗过衣服吗？"

多年不见，物是人非，我还没调整好去适应那些曾经熟悉已然陌生的面孔，猛然被问到此，简直有做贼心虚、惊魂未定之感。

但我记得他，他是坐在我后面的男生，一个讨厌的家伙。那些为人冷淡，言语呛人，面目可憎的人，俗称"臭鳖"——他就是。他中等个头，眼睛大，略突出，面无表情——或者说，唯一的表情就是用那双大眼睛冷冷地、厌恶地瞪你几秒钟。

印象中，M 成绩不错，也好学、上进，但个人风格只能用"阴郁"来形容（本地还有个更形象的词"阴死不阳"），一副别人欠他黄豆种子的脸——尤其对女生，仿佛都跟他有不言自明的世仇。

初中不再男女生同桌，不然他一定会用尺画上笔直的"三八线"，一旦过线保证用胳膊肘狠狠捣你一下的那种人。我肯定他可以本色出演卫道士。

跟 M 同桌的是全校闻名的混混 W，穿着那时节港台片里流行的奔裤招摇过市，自以为既坏又酷，起个自甘堕落的名号，结个"四人帮"，伙同着干点逃课、看录像、抽烟、打架、欺负低年级生敲诈点小钱之类的事。

除了勉强及格，让老师头痛和被大多数人绕道而行外，W没搞出什么惊天动地、为非作歹的名堂，却扬扬自得。

这样大相径庭的两个人，居然互敬互让，互相维护——放在今天，有人要说他俩是好"基友"。在20年前，我除了纳闷男生的友谊，只剩哀叹，为什么偏偏是他们坐在我后面。

回到当年，13岁的我也不算省油的灯。其实我一直很在意人际关系，但跟这两位从一开始就相互看不顺眼，不时发生摩擦，实在无法和平共处。我容易感情用事，假小子加犟脾气，让我没办法像小鸟依人的同桌女生一样忽视他们，又不激惹他们。大概在他们看来，我也是个可恶的女生。

M还在对我说话。

短暂的慌张之后，我镇定下来。M变化不大，只略胖了一点，令我暗暗吃惊的是，他用那三年里都不曾有过的灿烂笑容在对我说。

大意是，他替我洗过衣服，是初二。那次他不小心把钢笔水甩到我衣服上，我报告了班主任，后者责令他把我的衣服带回家洗干净再还给我。其实他不是有意的，心里虽然气死了，但也没办法。

衣服带回家，他不敢让家人知道，自己先上床装睡，半夜里再偷偷爬起来，悄悄去卫生间洗，一边洗一边哭。总之那件事害死他了。

在一大片杂乱的信息里，我困惑地摸索，忽然抓住了记忆的线头——确实有这么件事，只不过是以我自己的角度记住的。

好像不知怎的衣服后面有一道墨迹，本来以为是W干的——

因为我和他关系紧张，他经常踢我的凳子，揪我的头发。衣服脏了，我也不好回家交代，故报告老师，哪知是M——当然，他们是一丘之貉，反正都一样。

是怎么把衣服交给他，又怎么拿回来的，我忘了。重新回想，似乎是件浅色的衣服，而且最后也没有完全洗掉。假如他是半夜洗的，衣服怎么晾干呢？难道没干就给我了？我全无印象。

M讲的时候，并无责难，至多是嗔怪，好像在跟老朋友分享不为人知的趣事。再就是他讲的时候全程在笑，是一个成年人真诚坦率、不计前嫌、诙谐自嘲的笑。

也确实好笑，想想看，一个少年，满腹心事地假寐，好不容易等到夜深人静，起来背着人，提心吊胆地洗着女生的衣服，边洗边恨，边哭边诅咒。

20年前流淌过的泪水，在心底汇入记忆的河流，直到今天喷涌而出。20年里，给他带来辛酸的我浑然不觉，因为我早已经把那件衣服扔到脑后。

每个人都是如此吧。

对某个人而言，我们是记忆中不灭的片断。而你我的记忆中，也印刻着很多个"某个人"——爱过的、恨过的、苦涩的、温暖的、难忘的、想要忘却的，关联着自己的七情六欲，关联着成长的阵痛和时间。

聚会接下来是户外活动，男生女生要手拉手围成个圈。男女生接壤部分的一头恰好是我和 M，另一头则是当年班上轰轰烈烈的一对（那一对曾到谈婚论嫁的地步，后来还是没在一起）。

一个是爱，一个是恨，不知何时，爱不再，恨也不再，爱恨情仇最后都败给了时间——后者难以察觉地、干净彻底地消融了一切。如今，岁月把我们锻造得身材丰满，性情老成、平和、宽容。

做游戏时需要把手放在前一个人头上，M 站在我后面，他的手轻而软，小心而礼貌。他自从开门见山之后，就保持着令人愉快的笑容，游戏互动中不时大方地插两句俏皮话。

我倒不知道他其实是个挺可爱的人，加上不知情带来的内疚，我几乎可以说喜欢他了。他和我印象中的样子已经完全不同，到底过去那个阴冷、生硬的他什么时候走到了阳光底下，我不得而知。

也许，在那个少年冷漠的外表下藏着一个敏感的男孩，一个渴望长大，幻想独立，无谓挣扎，害怕袒露，拒绝承认，无处可逃的自我。

我何尝不是。

一路走来，我们都尝试着挣脱重重桎梏，直到有一天，可以面对自我。于是，才可以面对记忆中的某个人。

下篇　W

中午聚餐，在一个偌大的餐厅，一共两桌，我左手是 M 的同桌 W。

20 年里，我和 W 见过一回，大概在 10 年前。

那时我去一家书店买书，进门就见到他。学生时代，他是瘦削的，眼神很活，是那种戴眼镜却不学无术的面相，眼下吹气似的胖了半个人出来。

变胖了的他显得老实了，如果我不了解他的历史，一定以为他是生性本分，循规蹈矩，随和的传统类型。他的眼神也不像过去那么骨碌碌乱转，呆钝了许多，有些若有所思的意味。

其实我无意和他叙旧，毕竟学生时代也不是那么和睦，但老同学相见就有这个特点——原来不相熟的，现在一见如故；原来不说话的，现在相谈甚欢；原来没交集的，现在畅所欲言；原来腼腆的男生女生，现在都老脸皮厚，无所顾忌——成年的好处是让我们皮实了。

所以我和他开始瞎聊一气。他更有交谈的欲望，正好我一向很少谈论自己，话题便自然围绕他进行。他现在在新华书店上班，工作是他在文化系统做了多年领导的父亲安排的。

他比过去安分多了，上学时那些胡来的事早不干了，好像前尘往事，离他现在的生活太远了。他还没结婚，也没找到对象——他奶奶说，以前吃得太饱，以后就没得吃了（一句诸如此类的话）。

他特地引用他奶奶的那句话，我确实记不清了，只对大意有个印象，总之就是前面得着太多，后面就没了。

但这句话的意思触动了我，这里面有关于平衡的哲学思想，也有宿命论，我有点分辨不清，哪一种更占上风。

他说的时候，是郑重其事的，唏嘘感慨的，我想这对他是种具有安慰性质的合理解释——上学时不走正道，走上社会却做起了最规矩的书店职员；上学时早恋，等到了结婚生子的年龄却找不到对象——皆因提前饱和了。

然而，过去的辉煌和叛逆无疾而终，像一场闹剧，被时间旷日持久的疾风吹得褪了色，在记忆中逐渐斑驳，笑话似的映照着现下。

他真的安分守己多了，可能我比他还"危险"——要知道，当年他可是个愣种。他微胖的脸很光滑，还有些多愁善感，已经找不出执拗的棱角了。

他就这么平铺直叙地讲着，我一直随声附和，不过也没多说什么。

我想，我有点惆怅。

以上是 10 年前的 W。现在，他坐在我左手边，比过去更胖些。和 10 年前一样，他开始毫无铺垫地说起自己。

我不清楚，是否擅长倾听是我一贯的本色，反正从小学起，同性就喜欢对我倾诉，成年之后，如果我给机会，异性也会如此。

做心理咨询师之前，我就守着很多人的秘密，之后，便是我谋生的技术了。

倾听需要围绕对方进行，令他觉得，在这一场谈话中，你是专注的，关注他的，能够理解和接纳他的——你要做配角。

你这个配角要给人安全感，不能太张扬，或者抢戏。好的倾听者能让人不知不觉，越说越多。有时，我觉得，我也喜欢隐藏在倾听的态度之后，这让我也拥有安全感。

但我怀疑，W 碰上别人一样是话唠，他诉说的愿望很强烈，我的态度就像助燃剂，鼓励了他。

聚餐可想而知，场面热闹嘈杂。其实我不大能听清他的话，有些字词，甚至句子倏地一下被声浪吞没了，主人又前进到下一句。不得要领的我一面靠猜测努力填上空白，一面装作了解地说些应景的回答，还要注意让自己不过分走神。

就这么听他讲，我也听出一些大概。

自然，他已结婚生子，像大多数这个年龄的人一样，过渡到上有老下有小的人生阶段。对孩子他很无措，不知怎么教是好，他巴望孩子争气，但他自己成不了榜样，从来也不是父母的骄傲。正因如此，更加深了他的焦虑。

为人父之后，他开始理解自己的父亲，想起父亲曾对他说过的，或老生常谈，或语重心长的话。那时他不开窍，现在才明白，可惜迟了，回不去了。

现在的他，嘴里不自觉地对孩子重复当年父母说过的话，而他的孩子像当年的他一样不懂。如今，面临同样的无奈，他真的体恤父母的良苦用心，可是自己已人到中年。

很早以前，他是叛逆的那个，总让父母操心。而他弟弟不同，听话懂事，其实自有主张。临了却是他走了父亲安排的路，留在老家，留在年老的父母身边，而弟弟远走高飞，闯出了自己的人生。

他似乎总在追悔，以不断反省的方式，这既是成熟的表现，也是不能接纳自我的反应。身为子女，大多有这样的情结——在讨好父母，渴望认可与自行其是，自我认同的矛盾冲突中辗转反侧。

但他说的有几分道理。这几年，我也发现，自己脱口而出的话越来越像父母，包括那些曾经最不入耳的。除了处境相似，还有原生家庭的烙印，从小耳濡目染的，目下慢慢显现出来。

我们是真的成年了，取代父母，坐上社会中流砥柱、生活中坚力量的位置。一方面有经验、有资历、有气场，一方面依然在困惑与质疑中踯躅，不知自己身在何处，去向何方，如何自处。

这顿饭我吃得很混乱，要应对 W，要应酬老同学，要应和老师，要敬酒，要填饱肚子，留心不错过爱吃的菜。

这么说，不是淡漠无情，是坦率实际，我当这是美德。我的诗意柔情不在面上、嘴边，在时隔三年写就的这篇文字里。

后 记

博尔赫斯在其名篇《小径分叉的花园》里，透过汉学家艾伯特与中国人余准的交谈，留下一段耐人寻味的话：

"《交叉小径的花园》是崔朋所设想的一幅宇宙的图画，它没有完成，然而并非虚假。您的祖先跟牛顿和叔本华不同，他不相信时间的一致，时间的绝对。他相信时间的无限连续，相信正在扩展着，正在变化着的分散、集中、平行的时间的网。

"这张时间的网，它的网线互相接近，交叉，隔断，或者几个世纪各不相干，包含了一切的可能性。我们并不存在于这种时间的大多数里；在某一些里，您存在，而我不存在；在另一些里，我存在，而您不存在；再在一些里，您、我都存在。"

我不知道，M 是不是真的阳光了，听说 W 依然办事不牢。他们认识的我，和我认识的他们都是不完整的。

在时间的迷宫中，我们各自存在于各自的时间，仅在一些结点汇合。

在相同的时间段落里，每一个人都拥有独立的时间。在相同的时间段落里，没有人能占据时间，没有人能知晓全部。连我们自己的时间都支离破碎地散落在过去、现在、未来，储存在不可信的记忆，不可控的当下和不可知的明天。

而人类唯一拥有的、大抵平等的，就是时间。

无声无息、生生息息的时间。

这篇文章，给 M，给 W，也给我自己。

7. 少年祭奠

这一篇，我打了 20 年的腹稿，这 20 年里，始终没有把握写好。要说也写过一回，不满意，连原稿都未曾保留。但现在终于要落笔了。

就从 20 年前说起吧，那年我不到 18 岁。

整个学生时代我都过得浑浑噩噩，数学课上光看小说，英语单词从来不背，天晓得我怎么混到高考——除了语文高分，数学以外的科居然还能及格。

我所在的学校是所名校，学生全是各初中筛选出来的尖子，遍地"学霸"，每一个都意得志满，身为借读生的我，心情其实很复杂。

后来，我和一些当年同是借读生的同窗交流，大家感受类似。毕业之后，我既有出身名校的优越感，又有曾经在整整三年中经历自卑和边缘化的自我体验，五味杂陈。

其实，自己这么看自己，周围人未必。比如老师。

高三开学，来了位新的英文老师。

老师四十多岁的样子，中等个头，白白胖胖——滚圆的胖，蛋型脑袋，椭圆脸，平头，浓眉，小眼，厚嘴唇。

他爱笑，遇到学生喜笑颜开，笑起来眼睛眯成两道缝，厚嘴一咧，露出整齐的大板牙，和法令纹相互呼应，整张脸充满喜气地团起来，颇有喜剧色彩。如果他不笑时，那细眼睛缝里透着近乎冷淡的精明和锐利，你会误认为他是尊弥勒佛似的人物。

他不笑时，面容就是这样，严肃而忧虑，不动声色的威严，仿佛不像是会笑的人。

他叫支孝文，教导主任，讲课水平闻名全城，高三只教我们一

个文科班。就是这么一位应该正襟危坐的老师，第一天上课时，说
了大意如下的话：同学们，不要太紧张，不要太在意成绩，悠着点，
每年清华北大楼上都有跳下来的。你们不知道吧，还不止一个。

我佩服自己的记性，记不住单词，却忘不掉这些时间的碎片。
还有人记得他当年用这番话做开场白么？至少，这么多年后，有一
个学生记得。

这番话对我的处境其实意义不大，我想到清华北大跳楼，那也
得门卫让进。如果我真考进去（见证奇迹的时刻），肯定不跳，就
算成绩倒数，睡着了也还要笑醒的。

但这番话，对我塑造自我却有十分重大的意义。

一个老师，用他独有的方式，向我展示了——人，不必循规蹈
矩，人云亦云，完全可以用自由的精神，独立的见解，辩证的眼光，
包容的认知，去驱除狭隘，统领自我。

即便是一位要带着一班学生迎接高考的名校名师。

我还记得，他说这番话时笑眯眯的神情，那神情里有种掩饰得
很好的深意，以及淡淡的忧虑——一个过来人故作诙谐的警告，轻
描淡写的安抚。

我也还记得，下面轻微的骚动，低声的窃窃私语，惊奇的面面
相觑，似乎每个人都意想不到。

就这样，他和我们开始相处。

尽管我英文不好，也能分辨出老师水平的高低——他确实在教
学上很有建树。不过一个老师之所以高明，除了教学，还有其他。

他对我没有特别注意过，毕竟我不是给他争光的学生，但他对

我的好，我心里知道。别跟我说什么女人的直觉，我的直觉从来不灵，我总是用经验和逻辑来判断事物，所以才可能准确。

他上课会提问，习惯于依次叫一列学生回答，往往从坐第一排的开始向后。

我前后都是"学霸"，英文成绩一流，证据就是前面的闺蜜昭和后面的女生 H，大学都念了英文系，至今靠此吃饭。

他第一次叫到昭回答，我吓得脊背发凉，眼皮下沉，正在想到底怎么对付这在劫难逃的丢人——接下来，他跳过我，叫 H 回答。

我死里逃生，但危机还在，因为假如他只让过我，下面依次叫，那不坐实了我是差生，被忽略、冷落的处境更难堪……正胡思乱想中，他又跳过一个同学提问。就这样，一直到这一列末尾。

你相信么，他在保全我的自尊。

有两回，他挨个问我们这列，但问题都很容易，是我能答得上的。有个问题至今我还记得，大概是"你最想做的事"。同学们都以为我会答，最想去看周华健演唱会，并且准备好窃笑。

我说我最想养只猫，让他们小小地失望了——拜托，你们以为我英文和中文一样好么。

我不是好学生，他是个好老师。他了解每个人，他保护着我们。

接下来的记忆，是高考离校前自习时段尾声的某一天。

下午，自习课，我照例神不守舍，思想完全游离于书本，有一点风吹草动都会引起我的注意。这也是我焦虑的表现。

不知在哪个时刻，我抬头正看见，他胖胖的脸出现在高三教室高高的窗外，注视着里面。他的脸像他不笑时一样，比平时更沉默，神色尤其凝重。我只能想到一个词来形容：忧心忡忡。

他就这么站在窗外，默默地看了一会，没有进来，没有说话，没有跟任何人照面，然后转身离开了。所有人都在伏案复习，我觉得除了我，没有人注意到他。

这是我最后一次见到他。

似乎是隔一日之后周一回校那天清晨，消息迅速蔓延，有如一枚无声的炸弹在我们这一班孩子当中落下，以慢镜头的方式炸开，碎片四散，扎进每个人心里。

他是在周日上午，也就是我最后见他的次日，脑梗发作。

消息陆续传来，说前一夜因为酷热，高三住校生在楼顶夜聊，他得知后前去安顿，一宿奔忙不曾合眼，大早买早点回家，就在家里突发脑溢血。此时离高考还有一周时间。

谁也不清楚消息的准确性，惶惑不安中，大家已经在试图接受和消化。

最后是班主任证实了——一个讲课像说书一样张扬的历史老师，有种落拓的文人气。他走进教室的那一刻，神情不同往常。

大家迅速而自觉地安静了。我记不得他具体说了什么，好像哽咽着，至少在我的假想中如此。下一刻，教室里从各个角落爆发出压抑的哭声，低低的啜泣，尖利的抽泣。

我只能低着头，让眼泪倾流而下。

下面的内容是怎么听来的，我忘了，左右离事实不远。可能是班主任讲的吧，说支老师和太太当年是同学，太太秀外慧中，两人一直恩爱如初，算是一对被人艳羡的神仙眷侣。家里有个上小学的儿子，聪敏乖巧。

虽然他滚圆喜感的样子跟琴瑟和鸣非常不搭，但我隐隐约约觉得，他身上有种旁人没有的睿智和远见，同时还有参悟人生之后，入世所需的幽默与达观。

跟这样一个人相爱，一定是非常深刻的爱情；被这样一个人所爱，一定无法承受任何形式的诀别。

但就这样，他留下了他们。天堂原来可以瞬间崩塌，坠进无边的黑暗，似人间地狱，万劫不复。

回到家，我告诉妈妈，小心不让妈妈发现我哭过。

妈妈也很震惊。我跟妈妈要钱，出丧礼的份子钱，妈妈给了100元。我说，妈妈，会不会少了，要么200元吧。妈妈打开橱子，又拿出100元交给我。

那是1994年，200块还算是一笔钱。

老实说，我一直对此愧疚——愧疚自己不懂事，仗着妈妈惯我依我，伸手向家里拿钱，还嫌多嫌少；愧疚妈妈疼我，而我至今都不那么孝顺，时常忤逆，只把我的感情埋在漫不经心的表现下。

但我没有后悔跟妈妈要钱，除了这点儿钱，我还能拿什么给我的老师呢？我这么不成器，而且好像永远也不会成器了，我还能拿什么报答我的老师呢？就算我今后努力做到了什么，他也看不到了——一切，所有的一切，都没用了。

对他，时间已经静止。对我，时间还在继续。

下一个片断，是一个夏日明媚的上午，我们排着队进入学校礼堂。

已经临近高考，按说是在家复习的最后一周，这次返校，为了参加支老师的追悼仪式。高三的学生全来了。他似乎还带过初三某个班，但高三就只教我们文科班这一个。

我们是高三的独苗，我们是跟他最亲的学生。带着这份奇异的优越感，哀痛的骄傲，我们规规矩矩地排着队，偶尔压低声音交谈几句。

消息还在传播，据说有外地的学长接连赶来，那时通讯和交通还不那么便利，但千里迢迢赶来，无论如何要见最后一面的人越来越多，所以追悼会延迟了两天

这就是一位好老师的影响力吧——那个在生命中牢牢占有一席之地的人，那个在你童年、少年的时光里影响你的人，那个向你展现世界教你看待人生的人，那个不知不觉改变和塑造你的人，那个一句最简单的话能在你心里回响一辈子的人，那个你没时间看望但常常有个念想的人，那个你从没当面感谢过的人……

这么好的老师，我怎么现在才明白。

如果时间倒流，我还会不背单词么？也许还会。生活就是充满遗憾和残缺，人就是这么贱。

学校礼堂刚落成几个月，平时不开放，我们都没进去过。依次

进去之后，我们坐在阶梯的中后排，差不多是电影院观影效果最好的区域。

再接下来，记忆像受了惊吓一样变得含混不明。

我不记得现场是怎么布置，有没有一副恰如其分的挽联，谁讲了什么话，有什么过程和仪式。

应该放着哀乐吧，是不是每个人都戴着白花呢，他太太似乎读了悼词（我真的以为这可能也是我的想象），甚至我都不确定我们是否走下了座位，绕着遗体告别。虽然理智上说理当如此——我就像失忆的人，只能在事实的门外徘徊。

我无法解释我的记忆中为什么没有他最终的形象，我能想起的，永远是当时站在窗外高高的他，以及他忧心忡忡的胖脸。

我只记得，我坐在座位上，埋着头，浑身发抖，眼泪像暴雨一样倾泻。我几乎控制不住自己的哭声，不是撕心裂肺的号啕，也不是死死压抑着的怵哭。

昭是不是就坐在我身边，曾经把手放在我的背上——我好像模模糊糊记得有人那样做了。

后来成为我先生的男生坐在我后排左面，周围全是我的同学，我从没想过自己有一天会在众人面前流泪，还是泪流满面，不能自已——这一回满不在乎的假小子再也无法伪装，她最脆弱易感的部分不堪一击，而且放弃了抵抗。

学生是分批进入礼堂参加悼念的，轮到我们时已经接近仪式尾声。走出礼堂，大家长出一口气，像所有刚刚哭泣过的人都感到轻微的忧伤和疲惫，现在压抑的情绪松弛下来，泪痕很快风干了，各自收拾心情准备回家去。

我躲过别人的视线，也避免和人交谈，迅速找到自行车，径直骑到学校大门，不出门，悄悄找了个地方等着——先前殡仪馆的车就停在大门里的林荫道上。远远看到一些同学陆续离开，我小心地不被他们发现。

过了不久，灵车开过来了。我骑上自行车，开始跟着这辆白色的车。我知道，它会经过我的家门，它的路线就是我每天上学的路，一条长着茂盛法国梧桐的街。

我紧紧跟着车，它时快时慢，不带感情地在夏日浓密的树阴里，在熙熙攘攘的车流和人群中穿行。车里面有我的老师，有他最亲爱的家人。车的外面是个骑得飞快，怀着不明就里的执着一路狂追的孩子。

有时车离我远了，我很快会追上去。偶尔我回头看看，确定没有人像我一样，在做同样的事。

我不真正明白自己为什么要这样做。我就是想这样做，这辆车里载着我难以理解的荒谬，无从参透的无常。

终于，我跟到了自己家附近，林荫道的末尾。

我犹豫着慢下来，车很快拉开距离，毫不留情地绝尘而去，比我想象的还要快。我停在路边，紧紧盯着那辆车，满心踌躇，目送它越来越远，直到变成一个模糊的点。

那年七月，少有的酷热。我在中午的烈日底下，浑身像浸在冰水中，彻骨的战栗。

我知道，读到此处，以上所有文字带给你的，是压迫和混沌。

这就是我的记忆，它像一幅永远无法完成的拼图，一些历历在目，鲜艳如初，一些则隐身在时间灰暗的幕布之后。在事件和情绪的冲击下，大脑无法完整、客观地加载，亲历了时间，却像目击证人一样不可靠。唯一可靠的，就是当时的感受，那直接的，瞬间的，经过时光提炼的感受。

高考最后一周的变故，让我灵魂的某个部分倏然熄灭了，不是暗无天日，而是茫然若失，破碎和虚空。灵魂，这个形而上到滑稽的词，但你一定有某一刻虔诚地触摸过它，或者，它郑重地，触摸过你。

我至今还能感到当年的困惑不平。命运毫无征兆地向我展现出荒谬诡谲的景象——这生命中无法承受的无常——它不是为了愚弄和嘲笑，它没有目的，全然无谓——只配被无视的我，不过是它脚下苟且的蝼蚁。

那种被压迫着，而压迫者浑然不觉的对比，犹如沉寂地表下汹涌的岩浆，搅得我片刻不得安宁。

无法和命运抗衡，不等于无能为力，我可以改变命运，而不是必定被它主宰。

一个人和整个命运对峙。18 岁的我，想那么做。然后，我暗暗做了决定。

也许，聪明人会写到此处，用上一段作全文的结束，只消去掉最末一句。

以一个老师的英年早逝开场，一个少年的年少轻狂谢幕，至此戛然而止，留待读者独自怅然。然而，生活并不那么应景。

写到这里，是完美的收尾，却将失之完整。

这件事，对于我，还没结束。

也许，接下来才是最难写的部分。

他，是机缘巧合相熟的同班男生，看上去很乖，偶尔也会点小暧昧。

对我这个貌似叛逆、乖张，实质悲观、敏感的女生来说，他从来不是吸引我的对象。以往我喜欢的男生，都外显地拥有我没有的性质：自信。

他和自信无关，但他有种憨厚的明朗，平常的安慰。这似乎也让我心里透进些空气，漏进些光亮。

我，同样从来不是他会钟情的姑娘。

我们根本存在于两个世界。

我承认，我有时是个疯狂的女孩，真正的疯狂总是伴随着真正的冷静。既然命运跟我开了玩笑，我也要和它开个玩笑。虽然我无法阻止它主宰，它也无法阻止我作为。

我做了决定，高考结束，我要和他在一起。

这个我没爱过，也不可能去爱的人。

这个没爱过我，也不可能爱我的人。

这个人是我的先生。这是 20 年前的事。

曾经年轻的，已然成熟的，和正值青春的，你能明白么？

总有人会明白。

明白一个孩子面对生命的心痛，面对世界的惊惧，面对命运的愤怒，面对青春的脆弱、冲动和决绝。

后来，我慢慢明白，我一直都是那个树阴里狂追不舍，烈日下目送灵柩的女孩。无论我多么青涩，多么青春，多么成熟，多么世故，或者某一天垂垂老矣，我的胸腔里始终是那个既冷静又狂热的女孩。

当年，她不是不懂，一个可以凌驾于庶务与世情的人，并不能凌驾于死亡。她只是受困于这个事实，无力挣脱，无从消化，执拗地不肯接受。

那场突如其来的死亡，对于她，就像一场少年的祭奠，她将自己的命运放上祭台，作了祭献。

她没有想到，这是她人生最好的决定之一。

当年那个呆呆的男生，后来成为了我终生的朋友，生命的同伴——

我们那么不同，相爱那么艰难，我才能够成长，到今天的模样。

我们的开端，比所有人的猜测都要狗血。

这是命运的眷顾么？还是说，我终于了解，什么是无常。

第四章
一半是男人，一半是女人

1. 月亮升起的王国

有一个古老的词，叫作"私奔"。在很多年轻男女眼里，它意味着爱情、幸福和自由。

然而事实上，现实中的"私奔"并不那么美好，就像"王子和公主"的童话，虽然结尾总是"幸福地生活在一起"，但不过这么一句话而已，随后的故事，可能还不如《怪物史莱克》里面的怪物两口子幸福。

宜春的困境，就来自"私奔"。

宜春在一年多前的那个秋天，跟随他来到扬州，那时她以为再不会回到安徽的老家。

他和宜春是同一届的大学校友，当时他是学校的风云人物，有点亦正亦邪的，女生们都在背后说他长得像明星张震。

第一次见他，宜春就爱上了他。大三时，宜春得知他刚和女友分手，经过朋友的安排，二人相识并很快恋爱了。

这件事宜春没向父母隐瞒，寒假期间就带他回家见了家长。

原本希望得到父母的认可和祝福，谁知道父母对两人继续交往非常反对。

原因之一，他是外地人，虽然相隔不远，但他们从来没想过宜春这个独女会离开他们。但更重要的是，他给宜春父母留下的第一印象不佳，父母觉得他缺少教养，为人也不踏实，认定宜春跟他不会有什么好结果。

那一阵，家里整天为这件事闷闷不乐，父母的生活重心似乎就为阻拦两人在一起，发动了几乎所有的亲戚、朋友来劝宜春，甚至还有宜春以前的老师。

宜春的妈妈身体不好，因此气得生病住院。爸爸说如果两人一定要交往就不认宜春这个女儿，让宜春滚出这个家。

当时，宜春几乎快崩溃了，她觉得没有一个人理解她，所有人都在不分青红皂白地谴责她。在所有人眼里，她是个不孝女，不懂父母苦心，让父母伤心、绝望。

在家里，宜春再也感觉不到一点温暖，只想逃离，而那时候也只有他还站在她身边。也许真是年轻叛逆，家人越是反对，宜春越坚定地要和他在一起，她就这样和父母彻底闹翻了。

毕业后，宜春直接和他来到扬州，也找到了一份工作。她一心指望有一天和他结婚，过上简单、幸福的生活。

然而，宜春也没有受到他父母的欢迎。他父母对宜春很冷淡，很快她意识到他们并不视自己为家庭的一员，认为自己只是一个不请自来的陌生人，一个尴尬的外人。

更糟的是，一进入现实，宜春才发现他是个不想承担的男人：

这一年多来，他对两人的未来没有任何计划，对结婚只字不提，催他也不置可否……似乎这一切都是宜春一厢情愿的结果。

真正让宜春看清一切的是，几天前，她发现他竟然瞒着自己和一个女孩来往，两人短信频繁，内容暧昧，手机里还有一张他们很亲密的自拍合照。

宜春问他，他直接承认了是父母安排他相亲，他也觉得对方还不错。更令宜春失望的是，他丝毫没有内疚，对这件事也毫无愧疚。

这一次，宜春不会再去找理由说服自己，那都是自欺欺人。也许她早已经明白自己和他没有将来，只是一直逃避去面对，所以，这似乎是命运给她的一次抉择的机会。

宜春虽然觉得心痛、不舍，但也是和他分开的时候了。

她悄悄收拾好行李，和同事说好暂住她的出租屋几天……但接下来该怎么办，是留在这个城市，还是回家？当初那样决绝地出走，家人还能原谅自己么？即使原谅，她也不知道自己是否有勇气面对他们，重新回到他们身边……

宜春很怕，怕再相见的情景，怕父母不认自己，怕他们责备自己……她不想这样灰溜溜地回去，但这里也不是自己的归宿……

当宜春打电话跟我咨询时，我是支持宜春的。

"虽然觉得心痛、不舍，但也是和他分开的时候了"，这个决定固然伤感，但有理智的人都会赞同。这段感情，既得不到自己父母的认可，也得不到对方父母的祝福——更关键的是，你虽然有心，他却无诚意，的确是该告别了。

告别能斩断情丝，却斩不断过去。这一刻，我们该停下脚步，回过身去，看看来时的路，回首那一路的坎坷，才能轻装上阵，再次出发。

客观地评价，这段感情的失败既归咎于宜春自己的选择，也与她父母的处理密不可分。

接着，我与宜春聊起来，先来说说恋爱的过程。"第一次见面就爱上了他"的体会，倒不失为美好的经历，然而，这段感情应了一句话："因为不了解而相爱，因为了解而分开。"

成功的爱情，不见得有完美的开端，但必定会经过漫长的携手相伴，历经考验才能修成正果。

你仅凭第一印象就认定对方，匆忙投入，在恋爱过程中重心偏离，忙于对抗父母，彼此却缺乏深入交流。直到共同生活之际，才开始真正了解他，不免为时已晚。

再看父母这边，多年的生活经验使他们预感到女儿的选择有误，中国式的护犊又不免专断。恐怕他们从来不曾想过站在女儿的角度去看待整件事，更谈不上尊重女儿的感受，理解女儿的需求。面对未来可能发生的不幸，人海战术加严防死守看似合理，其实欲速不达，反而加剧了女儿的盲目与不理智。

假设家人不一味否定你的感情，而是给你部分的信任和完整的自主权，引导你与对方认真交往，慎重相处，结果或许大相径庭。

这样既避免了你把全副精力用来对抗压力，又让你有空间回归理性，有机会了解对方。

　　毕竟，由当事人自己做出的正确决定，才会被执行，才可能有效。

　　如果凡事有绝对的对错，那么，事实似乎证明父母对了，你错了——可惜这是个无益于任何一方的"判决"，即便"赢家"也不情愿。

　　你和父母在面对这个问题时的处理都有失误，正因此，你的回归意义重大，不仅是你自己人生的重新出发，也是在为你父母打开心结，为亲情愈合创伤。

　　然而，我明白，回家对你来说有多难。

　　知道么，表面上你害怕面对家人，事实上你还没有完整地面对自己；表面上你担忧家人不接纳，实质上你自己也很难接纳自我。这，才是真正拦住你脚步的障碍。

　　在面对亲人之前，在寻求接纳之前，你要先和自己对话。

　　无须否认，你经历了一段充满挫折的生活，也许，它是你不堪回首，想要忘却的。身在其中，却不妨换个思路重新审视——难道它不是你拥有青春的证明？难道它不是你收获成熟的过程？难道它不是你漫漫人生路的一个站点？难道它不是你未来旅途的长明灯？

　　那些痛苦你其实没有白受，那些煎熬你其实没有白挨——今天的你做了对自己负责任的决定，已经证明你从失败中获得了领悟和力量，你有能力为错误画上句号，你已经为生活翻开新的篇章。

　　你的回归，并不意味着你的失败，反而标志着你在突破自我。

　　我还相信，经过这一年多的分别，时空相隔令双方都拥有了大量的心理空间，趋于冷静和理性。不仅你在反省和梳理这桩事的"来龙去脉"，你的父母一定也在不时反思自己过去的做法，更何况"思念"本身的力量。

我深信，等待你的不是冷眼和责难，而是他们的怀抱。他们一直在等你，正如你一直想要推开那扇门。

于情于理，你是时候该回家了。

和我们一样，父母也是普通人，很难做到尊重和理解儿女，但对于受了伤的孩子，何时何地他们都会无条件地接纳——知道么，他们最不愿看到的，就是你受伤。

正因如此，当年他们才那么急切的反对，忽略了你有你的自我。现在，你能回报父母的恰恰是：我在康复。

近乡，情怯。

你回家的那天，就是你告别过往的那天。

2. 男性分手攻略

这个案例表面上是关于拖延症。

在别人眼里，北极光是个名草有主的人，其实他正愁该怎么分手。两年多前，通过相亲他认识了她，第一印象都还不错，两人条件也相当。然而，交往到现在两年零十个月了，他却真心不了解她，也完全不理解她。

每个周末两人约会一次，平时发短信给她，她也会回，可如果他不主动联系她，她很少联系他。反正约会就像例行公事。

看起来两人像一对正常的情侣，也有些小亲昵的举动，但说到交流就完全空白。其实北极光是个比较热情、健谈的人，跟什么人都能找到话题，但她，不是一个闷字可以形容。

两人在一起时，她可以从头到尾一言不发，问她什么都回答"随便"，有时候她明明不高兴也不说为什么。

北极光一点也摸不透她，不知道她在想什么，谈得越久他越没劲，于是越来越没感觉——早先还想弄清楚对方的想法，现在已经懒得关心她心里在想些什么。

从心理上，北极光觉得他们是两个世界的人，有交集根本就是很奇怪的事，更不用说去想象未来和她一起共同生活了。

实话实说，她外形挺不错的，长得清秀、小巧，别人都说看起来和他蛮配的，周围人早就认定两人是天生的一对。就这样，北极光一直犹豫着，但家人去年已经开始催着他们结婚了。

女孩 27 岁，北极光 28 岁，在这个城市都不算小了，彼此谈不成，还要重新开始，再拖下去耽误自己，也耽误了对方。

北极光觉得是时候分手了。他认真考虑过，家人和外界自己可以搞定，但分手本有难度了。

两人相处得不痛不痒，虽说并不亲密，或者也就是因为不亲密，所以没发生过很大的矛盾和争执，要分手不知从何说起。

如果现在提出分手，又说不出什么过硬的理由，外人就会质疑为什么早不分，要拖到现在。

就因为这个，北极光一直在犹豫，究竟该用什么理由去说，总不能无缘无故就不见面了吧？他想不出合适的办法，以至还在勉勉强强地和她约会。

问了周围几个朋友和同事，都说最好让女孩主动提出分手，这样不伤她面子，还不会纠缠。有两个朋友都建议北极光最好是拖着不表态，冷淡她，不主动联系，过个把月她也就有数了，最多不超过两个月自然会分手。

也不知道是不是因为他们都是男性，所以都站在北极光的立场上。话听起来是有道理，但北极光还是将信将疑，总觉得事情不像他们说的那样简单，好像什么地方不对。

分手的决心是下了，到底该怎么分才好呢？

看来，北极光是真遇到麻烦了，穿着一双别人看上去很美，自己却夹脚的鞋，一穿就是两年多，真打定主意要脱了，又不会脱。单看北极光一口一个"她"，下意识地不提名字，就知道她对北极光来说是陌生的，是北极光想回避的人。

爱情这东西是唯心的，勉强不来。如果你不爱某个人，你还是可以每周跟 TA 约会，甚至一辈子和 TA 在一起生活，但不能勉强爱上对方。

不爱，就要勇敢说不。

　　现在来分析一下这个拖延君的功夫。经过两年多的相处，这段感情已经一目了然。没有水到渠成，却一直水土不服，彼此像两个陌路人般缺了解，不仅没有实质进展，连正常的交流、对话都难以为继，谈何相爱——明摆着两个人不合适。

　　她不适合你，你也不适合她，你觉得难受，她也好过不了。从这个角度来看，分手对自己、对对方都负了责，显然是件好事。

　　不过，你在哪里练的"拖功"如此过硬？一段不痛不痒的交往愣是耗了两年零十个月，现在如此难下决定，恐怕和一些与爱无关的杂念有关：

　　比如"她外形挺好，别人都说看起来和我蛮配的"，比如"周围人早已经认定我们是一对"，比如"看起来我们像一对正常的情侣"……

　　我猜，有这么一个女朋友，这么一档恋爱为你抵挡了不少外界的压力，也因此让你犹豫不决，拖泥带水。

　　这些"好处"叫人难舍，所以这段情两年多都难分。

　　终于，时间耗够了，年龄不等人，你不想再逃避内心的呼声，可问题来了。

　　时间战线拉得太长，你的处境也变得微妙。想分手，没有重大矛盾、分歧作由头；不分手，实在承担不了共同的未来。光阴流转，生米面临"被煮"的窘况，可快三年了，此刻才喊停又会遭人诟病，被认为做人不地道。

　　这一回，自己的面子难舍，这个手还是难分。

这时节，小伙伴们为你出绝招：以守为攻，用消极姿态逼对方主动提出分手。如此一来，以上难题统统破解，实乃两全其美，一击中的的必杀技！

可见，你是个不错的小伙子，不然不会质疑如此"有利于"你的方案，姑且不论它的好坏，先来探究一下背后的心理动机——

想找到够分量的理由，方便提出分手，是希望具有绝对的说服力，自己不会被责难。

找不到好理由，便不明确提出分手，以冷淡对方间接表明态度，可以避免正面冲突。通过"不言传只意会"的方案，让对方知难而退，避免自己坐上被告席。

如此看来，把"分手权"让给女孩，表面看很绅士，是为了保全对方的面子，实则是为了逃避主动分手的责任和"负罪感"，同时减少纠缠，以便全身而退。

因此，以上种种考虑的根本目的，不是为了保护对方，而是为了保护自己。

这个目的能达到么？

假设你不明白告知她，而是一再有意冷淡，那么对方是会平心静气地接受，然后如你所愿，心如止水地分手，还是会经历大量负面情绪冲击，从困惑怀疑、不安不解、失落失望、自责自卑到愤怒怨恨？

分手或许不难，但她无端地备受伤害，你则留下一个不负责任的轻率形象，早已在被告席被无声地拷问了千百回，更不要奢望被原谅（到时，你就是某些人眼中负心汉的代言人）。

　　或者你可以反过来，郑重地、诚恳地对她说：谁都没有错，我们曾经尝试过，但感情不够，很难幸福，想必你也有同样感受。分手是为了对彼此的人生负责，让彼此有机会收获真正的幸福，所以感谢你一直以来的陪伴。

　　以此，取得她的谅解与认同。

　　你说得越诚恳，越实在，越坦率，对方越容易信服地接受，平静地转身。这样做并非毫无伤害，但会把伤害降到最低。

　　我一向相信，真话比任何借口都有力，事实比任何理由都可信。

　　最后要说一点：女性相对情绪化，很难被更加理性的男性所理解，却并非"不可理喻"。如果你相信她有理解力，尊重她有知情权，她也会理解你，尊重她自己。

　　北极光调整认知后，很快相约了女孩，进行正面交流。女孩对他的决定表示尊重，并未为难。之后，女孩的舅舅、表姐、表弟分别找到北极光询问情况，希望挽留。

　　北极光没有逃避，一一向他们说明了长期存在的客观现状。面对事实，面对北极光的坦率，大家都表现出理智的态度，理解并赞同，同时并未对他产生负面看法和怨言。

　　这件事因为北极光的妥善处理，伤害被降到最低，两个人都有机会轻装上阵，重新出发。

3. 不是冤家不聚头

佳琪是一个"80后"姑娘，来找我的时候，很烦恼，说结婚前，和先生恋爱了差不多一年半，不长也不短，应该说彼此也算有一定的了解。

其实，在恋爱时，他们就发现两个人有很多不同，但都没有意识到这是很重大的问题，反而觉得对方很有吸引力，也让相处变得很新鲜。

现在想来，那时他们经常会发生一些争执，当初以为都是关于爱情，今天看来真正的原因就是个性差异。

去年他们结婚了，婚后两个人成立了小家庭，除了吃饭去两边家长那里，其他都是小两口自己来。

每天生活在一起，和恋爱完全不同，佳琪觉得自己似乎还没长大，就突然要承担成年人的世界。也许是距离消失了，各种琐事又扑面而来，两个人都感到应接不暇。

因为两个人要一起面对各种现实的问题，过去的差异带来的魅力很快烟消云散，取而代之的是各种分歧，简直有点现原形的味道。

　　渐渐地，彼此间差异越来越多，越来越明显，也越来越无法忽视了。佳琪也总结过，彼此有什么不同。

　　比如佳琪爱说话，喜欢交流，先生沉默寡言；佳琪心思细腻，先生是粗线条；佳琪考虑问题周到，先生从来不注意细节；佳琪注重人际交往，先生觉得麻烦，经常回避；佳琪在意他人感受，先生却反应迟钝；佳琪做事有条理但很慢，先生只管最主要的部分，其余马马虎虎，所以特别快；佳琪追求完美，先生应付了事。

　　都说性格不同会互补，这样的感情更好。佳琪却认为他们两个人貌似完全是相互拆台，不管什么事，只要两个人一起做，就会意见不合，都觉得应该按照自己的来，当然主要是佳琪觉得对方不对。

　　就这样，两个人每天把时间、精力都消耗在达成一致上，很多事还没做，已经争执得不可开交了。

　　总之一句话，佳琪觉得先生什么都跟自己相反，好像天生就是来和自己作对的。其实，佳琪的先生也有同感。

　　佳琪也明白，谁也不可能改变谁，可这样下去彼此都觉得太累了，对婚姻、对未来也不乐观。佳琪不知道别人的婚姻是怎样，那些所谓互补的美满婚姻到底是怎么做到的？两个人的个性到底是不同好，还是相似好？

　　佳琪甚至怀疑，是不是从一开始就选错了对方。

　　佳琪的疑问在我听来着实耳熟，工作中我不时会遇到这类困惑。让我会心一笑的，是佳琪和先生的组合和跟我个人的婚姻如出一辙。

我和我先生是两个个性、习惯、方式、倾向性差异巨大的人，连共同的爱好都很有限——看美剧，但我们一块追的只有几部，还有很多因为口味不同各看各的。

我承认，差异会带来分歧和争执——更年轻的时候，我也曾深受困扰，为之苦恼。

诚然，追寻幸福的我们常常会陷入一个概念的泥沼，寄希望于在个性的"相似"和"不同"中分出高下。

"相似"听上去不错，但有时意味着针尖对麦芒——比如强势；或者屋漏偏逢连夜雨——比如内向。

再看"不同"，差异大会带来吸引力，磨合好能事倍功半，但更可能的是造成苦恼与内耗，就像你们这一对。

黄小琥的歌中唱得好：相爱没有那么容易，每个人都有他的脾气。

有一个事实需要确认：任何一对配偶都存在着巨大差异，即便基本的气质类型、脾气、秉性相仿，但环境背景、经历遭际往往大相径庭，还有最天然的性别差异——好比不同土壤种上不同或相同的种子，最后长出的两棵植物即便看来相似，也有本质区别。

相似是相对的，不同才是必然。

面对差异这个"先天不足"，与其把它看作不该发生的错误，解读成相互拆台，倒不如看作理所当然、人人平等的一项佐证。

说到底，哪对夫妻都是截然不同的两个个体。但是，面对差异很难做到视而不见，照单全收，总不能自暴自弃，自生自灭吧——当然不。

撇开婚姻早期困难的磨合，让我们换个视角，重新整合你们的差异——

爱说的你滔滔不绝，沉默的他带着耳朵；

细致周到的你着眼细节，粗线条的他把握大局；

在意他人感受的你处理各种人际关系，迟钝、逃避的他不必勉为其难；

最主要的部分先交给他快速完成，随后你理性和慢功夫完善；

追求完美的你做需要完美的事，应付了事的他做没技术含量的；

就算他做不好，那些事也没什么要紧；

就算你做不好，马虎的他也不会挑剔；

……

原来，你们的组合可以很好地各展所长，避开思维方式相似形成的弊端，免于行为方式相似造成的摩擦。但是，为什么你们的感觉这么糟呢？

"不管什么事，只要我们一起做"就会"把时间、精力都消耗在达成一致上"——原本各有所长的两个人何必一定要一致呢，又何必一定要绑在一起完成某件事呢？

原来，你们的"合作"出了问题。

什么是合作？取长补短才是合作。一家公司，全是技术人员接不到业务，全是业务人员完不成任务，所有技术人员做一个项目要穷死，所有业务人员做一个单要饿死。

是时候放下成见，抛掉过去的模式，重新来过了。

强调一致不如着手合作，强调相似不如着力相融，用四两的巧劲拨动千斤之力。发挥你们与生俱来的特点，互相协调，各司其职，互为校正，求同存异，同时认识到对方具备自己不可拥有的优势，彼此欣赏，日子就妙了。

如今，更成熟的我，已经认识到，差异会帮助我们一面保持自我，一面尊重对方，一面突破狭隘。因为有一个不同于自己的灵魂，生命会变得丰富，心境会变得宽阔。

在婚姻这个庞大的架构中，想象两个人像齿轮般工作——那些齿轮大小不一，边缘都有棱角，却可以彼此完美地咬合、转动……

4. 任尔东西南北风

四月天是名律师，27岁的她有责任心、干练，所有认识她的人，都对她评价极高，她也自觉是个对自己有要求的人，但偏偏她嫁的人和自己完全相反。

从恋爱时起，四月天就觉得自己面对的好像是个青涩少年，还没长大，也不想长大。

结婚前，四月天的妈妈常说这个女婿没有多少优点就是脾气好，以后能让着脾气不大好的四月天。其实四月天知道，他很犟，明明很多时候四月天是对的，他表面上不开口，但根本没听进去。大家都以为他脾气好，他只不过是性子慢，懒得和人争。

要说他也没什么特别的毛病，只是不注意生活细节，不会照顾人，不会做家务，不成熟，缺乏责任心。

结婚 4 年，家里的大小事都靠四月天，他就像个甩手掌柜，每天回家就赖在沙发上看手机。叫他做事，他倒也做，但不是做得不对，就是做得不彻底，没有一次让人满意，整个敷衍了事。

四月天工作比他忙，回来还要做家务，哪还有好脾气，当然会经常跟他叨叨。

最近两人为请客请哪些人意见不合，吵了一架，他忽然说四月天脾气太大、不温柔、强势、没女人味。又说四月天总以为自己什么都对，还说别人在背后都这么评价，只有你自己不知道。

想不到他竟会这样说，四月天气极了，也伤透了心。她想不通，自己平时这么辛苦，在他眼里自己竟然是这样的。

虽然最后两人也算和解了，不再提这件事，但四月天心里始终像是堵着，对婚姻也感到灰心。后来她把这事说给一个多年关系不错的男同学，同学竟然也说四月天的确很强势，做朋友还不错，做太太就有点太强了。

四月天一直有一个疑惑——平时和姐妹们聊天，她们总在说，男女之间不是东风压倒西风，就是西风压倒东风，所以女人对男人不能太好，如果一开始占不到上风，就会被男人打压，受一辈子罪。

四月天不知道这个说法到底对不对，但听起来貌似有些道理，于是在和他的相处中难免想着自己是不是占了上风。也许这也是他为什么会说那些话的原因之一，但如果不这样，岂不是什么都要听他的，处处吃亏么？

作为心理咨询师，我相信四月天对丈夫的评价不是空穴来风。面对这么一个不够成熟，责任感不强，疏懒家务，马马虎虎的家伙，在能干、负责的四月天看来，简直在及格线以下，当然难以接受。

树叶都会有不同的两面，这个男人当然也有优点：脾气好。大家都夸他这一点，妈妈对你们的婚姻也认可，因为觉得他会让着你。你呢，承认他性子慢，不开口，懒得争—— 反过来，说明你的脾气比较大。

说通俗点，你是本事大、脾气大。他是本事小、脾气小——可是，公认脾气小的他也发飙了。

30 岁时，我结婚 5 年，开始得出这么一个看法：

女人善于交谈，生来喜欢倾诉，以此发泄情绪，获得情感支持，但说来说去常常围绕一个意思，一万句顶一句。

男人不擅言辞，大多不习惯倾吐，常常"听"不到他的真实想法，等到他终于开口了，总是逼急了，一句顶一万句。

话不好听，你却要好好"听"。

在平时的咨询案例中，常有女性咨询者念念不忘某次争吵中先生的伤人之语。但她关注的往往是自己受的伤，和对方的无情——受伤是一定的，但对方为什么那么伤人？

一贯寡言、理性的男人，突然发飙，可见是真急了。争吵中脱口而出的气话自然口不择言，缺乏理性，带有宣泄、夸张的成分，却能反映出一个人日常生活中压抑着的情绪和感受，可谓"怒"后吐真言。

话糙理不糙，这些"想不到他竟会这样说"的话倒真值得你重视和思考。

"脾气太大、不温柔、强势、没女人味、总以为自己什么都对，别人在背后都这么评价，只有你自己不知道"——每一句听来都像针扎一样，连我看了也感同身受，觉得受伤。但我猜，这些话多少在"意料之外，情理之中"——你反应这么大，恐怕心里也有些被一语中的的恼怒。

妈妈评价你脾气不大好，你自己说"明明很多时候我是对的"，你多年的男同学则说你"的确很强势，做朋友还不错，做太太就有点太强了"——可见，他那不入耳的话并非信口雌黄。

稍微想一想，会发觉在我们周围的现实生活中，存在大量这样的家庭：女人像男人，男人像女人——你也会体会出两者间的不平与纠葛。两性关系显示，当女性趋于男性化，变得强硬，男性就会相应地趋于女性化，变得虚弱。

像男人的妻子并不能具备男性强有力的优势，反而容易成为"一言堂"式的悍妇，加"祥林嫂"式的怨妇；像女人的丈夫并不能具备女性柔和的优势，反而更加疏离于家庭，表现得不负责任。

性别角色的错位致使内心失衡，婚姻也会随之失去稳定与和谐。

这样的家庭，女性因为得不到对方的支持，倍感辛苦，自然有更多否定和指责；男性因为得不到对方的肯定，倍感无力，也更不愿担当，于是更加逃避。是不是很像你和他的生活状态？

希望他像个男人，你要先像个女人。

心理调查显示，婚姻生活不和谐的女性往往是掩盖了自己女性特质的人。那些总在竭力强调自己正确性的女性，通常难以在家庭生活中感到满意。相反，女性化的女人幸福指数要高得多。

在家庭互动中，女性柔和的特质从两个方面影响男性成长：一是对外，需要男性的支持和保护，从而使其获得肯定，助长其男子气概和责任感；一是对内，男性性格中坚硬的一面会在温柔的作用下，变得富于理解力和富有情感。

女性不运用天性中的柔和，以柔克刚，而采用男性化的方式和男人碰撞，岂不荒唐？

身为女性，要认识到"柔和"是与生俱来的，是性别中天然的优越之处，只看你是否接受，会否运用。如同穿石之水，看似无力，自有风骨，持之以恒，能量惊人——所谓"上善若水，水善利万物而不争……天下莫柔弱于水，而攻坚强者莫之能胜，此乃柔德"，老祖宗早就明示了，只等你我顿悟。

然而，不少女性都抱持一个误解，觉得"温柔"就是软弱、无用、依赖。那么，所有坚韧、能干、自主的女性都毫不温柔，像铁板一样无懈可击，石头一样生硬、顽固？如果真这样，这些女性是多么不可爱，又多么缺乏魅力，谁还会爱她们？

至于"东风压倒西风"一说，我可要笑了，妹妹你这是要干吗？是要用正义战胜邪恶，还是要革反动势力的命——好好的婚姻成了硝烟弥漫的战场，好好的爱人成了不共戴天的敌人，不谈追求幸福了，哪里还有人会全身而退？

照我看，无论谁想在婚姻中"占到上风"，这两个人都会"受一辈子罪"。

就算是风，也有东风压倒西风、西风压倒东风时，彼此转换，相互融合，取长补短，相辅相成，未必要势不两立。

东风也好，西风也罢，不如做那四月天的春风，轻柔的、绵长的，却能催生万物。

你一定希望自己的丈夫有男子气，这就和他希望自己的妻子温柔一样，自然而然，天经地义。

5. 怪小伙不相亲

在父母嘴里，都市牧人就是个心理不正常的人，脑子有毛病，

27 岁了都没对象，还不愿去相亲。其实他很想找个女朋友，根本不是不着急、无所谓，周围同龄人的孩子都会打酱油了，他还从来没真正恋爱过一回。

都市牧人生活的这个小城镇，青年们结婚都很早，超过 25 岁就算迟了，都市牧人这样的已经算"剩男"，相亲没有一百回也有五十回。

牧人最讨厌那些媒人，把做媒当成任务，根本不管两个人条件是不是相当，只要是个女的就介绍，然后见了一次面，就来问什么时候办酒席，好像随便是谁都可以结婚。

牧人真心反感，却又无可奈何——连父母都这样，除了要他赶快结婚，他们跟他简直没有其他话题。

牧人承认自己怕有压力，怕麻烦，如果不按照父母的话来，他们就会不停地说。直到为了躲避这一切，自己照办了——4 年前他做了一个很愚蠢的决定。

当时他和一个女孩通过相亲认识，她长得很一般，牧人对她毫无感觉。可是家人都说她适合牧人，叫牧人不要光看相貌，以后处久了，自然就有感情了。牧人觉得家人肯定比自己有生活经验，也不会害自己，就将信将疑地和她相处了。

两人整整处了 3 年，这 3 年里牧人每周和她见一次面，然后吃饭、逛街各自回家，反正别人恋爱怎么约会牧人也照办。但两人几乎没有交流，嘴上说的都是"下班啦、吃过啦"这样无聊的话。

终于，媒人来牧人家问什么时候办酒席，牧人才好像一下子梦醒了，知道自己再也不能拖下去了。这 3 年，牧人跟她没有恋爱出任何感情，也根本不想和她结婚，当初之所以相处，就是怕听家人的唠叨、抱怨。

接下来，牧人只有去跟她摊牌，她倒也没表示什么，只说："你就按照自己的想法做吧！"这一点，牧人很感谢她，毕竟他把她耽误了3年，也浪费了自己3年的时间。

她其实和牧人一样不成熟，如果换成其他女孩，发现男朋友3年来对自己没有任何进一步的亲密举动，可能早就提出分手了。

分手之后的一个月，牧人简直像生活在人间地狱里——家里所有的人，包括那些三姑六婆都来轮番轰炸他，要么劝他不要分手，要么怪他做事不踏实。

母亲天天在家哭，不停地唉声叹气。父亲说牧人大脑有病，要他去看心理医生。牧人天天跟他们争得面红耳赤，下班不想回家又无处可躲，现在都不知道那段时间是怎么熬过来的。

如果再给牧人一次机会，他无论如何都不会跟一个自己一点兴趣都没有的女孩谈3年恋爱，到最后一刻再想"按照自己的想法"去做已经晚了。牧人真后悔自己的幼稚、糊涂。

这么一来，牧人就过了25岁。之后就是一天到晚的相亲，先不说相互看不中的，试着相处的也没有一次能超过一个半月，在家里人看来，他简直不可救药。

父母总怪牧人内向、老实、嘴笨，不会哄女孩子，要他学着改变自己，学着对女孩说好听的话。其实牧人并不像他们说的那样老实、内向，但他又不知道该怎么表达自己。

牧人貌似确实不善言辞，也不讨女孩子喜欢，工作时同一个班组的女孩也不喜欢和他交流，而总去找另外两个男孩。在这方面，牧人总是很失败。

牧人不知道为什么别人都很容易找到自己的另一半，到自己身上就这么难。看来，还是要先改变自己，提高自己。

还有 个难题。

牧人认为结婚就应该找个相爱的，有共同语言的女孩。

家人说牧人自己看不清自己，不知道自己几斤几两，整天不切实际，像他这样的就应该找个普通的女孩结婚，要求不能太高，至于感情，结婚以后再培养。

如果听父母的，牧人就得跟那些自己毫无感觉的女孩继续相处，这样勉强自己，他怕最后又会走到老路上去，白费工夫还不好向父母交代。

假如告诉父母自己想分手的原因是"没感觉、不喜欢"，只会招来他们的嘲讽和羞辱——在父母眼里，这全是无聊的、不切实际的想法，电视剧里演着骗人的。

这样的理由，在父母面前牧人说不出口，又找不到其他的理由。因此，牧人现在总是找各种理由逃避相亲，家人更觉得牧人心理有障碍。

现在父亲看见牧人就像有仇，总是冲他喊叫，有时还恨不得动手打他。母亲整天边做事边抱怨，而且还再三叫牧人千万不能让相亲对象发现自己有缺点。

有时牧人就想，父母不会对自己不好，他们的话也有道理，自己是不是就听他们的算了。他们看中意的女孩，随便哪个就结婚好了，但他又知道自己做不到。

牧人说了半天，我看出来了，他还真不是个绝对老实巴交、内向自闭的人，他有想法、有思考，但缺乏独立、主见和决断。

父母说他"心理不正常，脑子有病"，也许他们当真这么想，但这评价当不得真。牧人生活在城镇，风俗习惯确实让适婚人群压力更大，而父母的年龄和文化背景使他们对婚姻的期待不高。

可牧人呢，"80后"的小伙子，想寻找真爱，不愿勉强结婚，一点儿也不怪，不然倒显得平庸、功利，浑身暮气。

要说牧人最大的弱点，就是逃避，这在所有应对方案中最简单易行，也最容易把自己套牢。我们来看看，牧人是怎么执行的。

逃避总是因为压力当前，在牧人来说就是家人的指责。

为了让父母"封口"，牧人和一个毫无感觉的女孩谈起了恋爱，他安慰自己说，家人更有社会经验也为自己好，所以他去尝试着慢慢和一个陌生人培养感情。

如果说，到了这一步，理论上都还算站得住脚，那么谈了整整三年就不能自圆其说了——三年里有无数个时间点（其实半年就足够）都能充分判断，彼此之间培养不出任何感情，但牧人没有理智地喊停，反而继续得过且过，直到结婚逼近。

最后时分，牧人如梦初醒，他知道这梦再做下去就成万劫不复的噩梦了，再逃避就得生生挨上命运的一刀。

我不知该说你是真恐慌了，还是真勇敢了——你真做了对的决定，一己之力挽狂澜，跟女孩分手，跟全家对抗。

脑袋还在，但撞破了头的你，明白此事坚决下不为例，只是常常后悔，觉得这么着还是迟了。

不迟，什么时候长大都不迟。昔日重来你还会犯糊涂，只有撞上南墙才知道向北。并且，这事测出了你的弱点：逃避；探出了你的底线：你不会真的妥协。

我能想象出你"恶劣"的生活环境：不接纳、不理解你的父母，当你是不懂事的小孩，整日习惯性地用言语进行抨击和否定。

你呢，没有机会真正独立，也常常不想去执掌个人生活的舵，麻烦问题交给父母打理时你是听话的儿子，你有自我想法想要张扬时变成不负责任的孽障。

这样一来，你始终长不大，他们总想管教你。你总想要摆脱，行为却不成熟，致使他们更不放心，有了更多钳制，就此跌进家庭内部的恶性循环。

要想打破僵局，最明智的做法是你摆正人生位置，回到方向盘后面，拿稳了方向盘开始学，边学边长大。学着认识自己，学着看待世界，学着与人相处，学着掌控生活，学着怎么能在关键时刻不掉进沟里。

比如谈恋爱，与其当缩头乌龟，被家人天天挑眼（躲得了和尚躲不了庙啊），不如主动站出来接受相亲，甚至走出去寻找缘分。号称要恋爱的剩男肯定不会被指责有毛病，你在父母眼里立刻就能"正常"了。等你顺利地拿回恋爱主动权，接下来怎么处理，怎么判断，怎么决定，就有了更大的主导空间。

　　说到恋爱的途径，到了一定年龄，相亲确实是很无奈的法子，别人不会给你找好现成的爱人，遇上你形容的媒人就更悲催。

　　不过，相亲也确实是个结识异性的现成渠道，固然功利、无趣、耗时、费钱，却也简单、直接。

　　相亲最考验人的其实是，如何在短时间内恰当地表达自己。如此，不善交际的你确实有必要"改变自己，提高自己"，增加自己的魅力和社交能力。这不是什么坏事，毕竟，随着年龄的增长我们也应当更有内涵，但这也不是什么易事——你尤其会这么想。

　　看看你的原话："我不知道为什么别人都很容易找到自己的另一半，到我自己身上就这么难……"如你所言，你惧怕压力和麻烦，反过来说你是这样一类人：总希望生活简单易行。

　　以这样的思维方式看待复杂、多元的世界，看起来轻松，其实一叶障目，徒添烦恼。比如"别人都很容易找到另一半"，除了周围不少人已经结婚，还有什么能支持你的理论？

　　婚姻的动机很多，有人为爱，有人为利，有人为疗伤，有人为报复，有人为父母之命，有人为寻找安慰，有人为改变生活，有人为逃避压力……结婚不等于"找到另一半"，结婚后不幸福的人，甚至因结婚而不幸的都大有人在，你不清楚他人的婚姻好坏，别人也不会向你详细交代。

　　现在的你因为有结婚的压力，所以满眼看到别人有个婚姻，便觉得单身的自己最惨。

其实，要一场婚姻不难，不说不少女孩承受着同样的压力，只说你白浪费的那三年，如果你愿意，早身在围城中了——但那是你父母的想法，结果却无二致：只要你赶快结婚。

显然，你不能接受。

那么，你就要坚定地尝试走自己的路，不管他人的非议——反正无论你怎么做，总有非议声。与其背叛自我还遭责难，不如听从内心——选择后者不亏。

至于今后遇到没感觉的姑娘，如果确定不愿再和她相处，又要面临着向父母交代理由，被父母逼迫继续交往的两难，我教你一招——你就对父母说：你们实在要逼我，我可以和她继续谈，但我要先告诉她，我不喜欢她，因为我不想骗人！

这个办法的效果在于，你不必真去和姑娘摊牌，只需抛出一个延时炸弹，你父母便要掂量逼迫你的后果，很可能会偃旗息鼓。

这个办法的妙处在于，你不用就"没感觉"这个理由和父母争辩，把重心转移到"不想骗人"这一道德问题上，避开以往的矛盾焦点。

这个办法的关键在于，不管你父母怎样嘲讽你的"浪漫"，他们都清楚当面说"我不喜欢你"会对女孩产生什么影响。他们嘴上不认却心知肚明，相互喜欢（姑且不说相爱）与结婚之间的因果关系，不然他们怎么会怪你嘴笨，要你学着说好听的话哄女孩子？

父母一定希望你好，但他们也是普通人，他们的话不是真理，他们也会犯错——无论多爱你，他们都不能代替你选择和决定人生，因为感受生命的是你，承受命运的也是你。

你想要他们放手，就自己上手，想要他们放心，就自己上心。父母真正希望的是，你能够独立地把握好人生——这不也是你希望的么？

勇敢一点，比不妥协再勇敢一点。

6."左撇子"

5岁的林恳跑过来扒着我的耳朵说："妈妈，告诉你一个秘密——刚才电视上那个阿姨好漂亮。"接着问，"妈妈，你是不是已经猜到了？"

"那当然，我就知道你要说这个。"

片刻，屏幕上出现一批足球宝贝。小人又挤过来："妈妈，我又发现一个漂亮阿姨，穿红衣服的……这些阿姨都好漂亮！"

"唔，我也觉得。"

"发现一个漂亮阿姨"是我和儿子乐于讨论的话题，虽然他的审美标准有待商榷，对象也太过宽泛，但听他说这些，让我隐约感到一些安慰：小人不太可能是同性恋。

　　并不是说我排斥或歧视同性恋者，相反，我尊重这个群落的存在，明白他们的苦处。所以，我不希望自己的儿子成为同性恋者并承受这些。

　　咨询师做久了，自然会遇到有关同性恋（主要指同性恋性倾向者）的案例，有始终电话咨询的（女性比例较男性少），有为家人咨询的，有疑惑自己是否是同性恋的，有咨询者的丈夫或前夫是同性恋的，有咨询者年幼时被同性恋侵扰的，有咨询者现在被同性恋纠缠的。

　　一次，一位深受困扰的女士问："他明明知道自己是同性恋，为什么还要同意和我结婚？"

　　我知道她不是真正在发问，而是在宣泄自己的情绪，但我忍不住回答："因为我们要他结婚。"

　　因为我们要他结婚。

　　这个"我们"，是社会，是群体，是舆论，是道德，是这一大堆的总和。其实没有人拿刀架在某个同性恋者脖子上逼他就范——倘若如此，体现不出"我们"的强大——让他不战而降才真可畏。

　　在任何社会中，从众是必要的，这让群体稳定，促进发展，个体适应，保证生存。只是，如果从众是权宜之计，个体表里不一，就会出现认知失调，体验焦虑。

　　而权宜的代价，有时不只自身，还会殃及他人——本身是同性恋者，与一个异性恋者结婚，自己暂时安全，对方就成了牺牲品。

　　我也想过，怎么才能避免出现这样的结果。最理想的就是，人类文明进步到人们对同性恋有合理的认识，接纳他们的存在，顶好熟视无睹，同性恋者可以自由婚恋，受法律保护。

你在摇头，对吧？唉，这么想是够天真的。

如果我说，总有一天会接近这个理想状态，这话差不多可以成立。但我怀疑，你我是否有机会看到这一天。

生命短暂，看不到未来，好在可以看历史书。站在时间长河中回顾有记载的人类历史，会发现文明不时有停滞、倒退和反复，但总体上却是勇往直前的。

每一代人都有当代难言的不公与无望，文明难免要跨过尸首，但终于还是向前了。被跨过的尸首集体无名，用文明进程推论他们"没有枉死"，是自我安慰的漂亮话，后来的活人不如尽情享受新的自由并且珍惜和感恩。要知道没什么是白来的，白得便宜的你我也可能为后来者献祭。

从这个角度看，当下的同性恋者也是时代的牺牲品。

看过上面这一段，你会觉得我的态度是同情，还是冷漠？也许都不是，我只是一个够有理智的旁观者，站着说话不腰疼。

同性恋，如今不再是一个禁忌话题，大多数人都有耳闻，但清楚了解其定义的非常稀少。一知半解造成了误解，误解又加深了大众的偏见。

同性恋是什么，要从它不是什么说开去。

同性恋不是病。

精神病学曾将同性恋视为一种性心理障碍，并相应地创造出了一系列的治疗方法——电击疗法、大脑手术、激素注射（化学阉割）等。

1952 年，"计算机之父"艾伦·麦席森·图灵因同性恋身份曝光，经历了著名的公审后被判"严重猥亵罪"，被迫接受女性荷尔蒙注射治疗，之后患上重度抑郁，于两年后自杀——床边放着咬了一口的、涂有氰化物的苹果。

需要提及的是，直至 2012 年，英国政府仍拒绝为其追赠死后赦免状的请愿。同年 12 月，霍金等 11 人致函英国首相，要求正式为图灵平反。2013 年 12 月，英国女王正式宣布赦免。

20 世纪 50 年代起，一些心理学家的研究结果表明，同性恋者并不一定有精神缺陷或是心理变态。1973 年，美国精神病学会通过会员公投方式，将同性恋从精神疾病列表里删除，其报告把同性恋描述为"一种正常的性生活方式"。

1990 年，世界卫生组织也以同样的方式将同性恋剔除出精神疾病的行列。至此，同性恋结束了它作为一种精神疾病的历史，精神病学则转变为同性恋权利运动的坚定盟友。

1997 年，美国心理学会表示："人类不能选择作为同性恋或异性恋，而人类的性取向不是能够由意志改变的有意识的选择。"

2012 年 5 月，世界卫生组织下设泛美卫生组织，就性向治疗和尝试改变个人性取向的方法，发表措辞强烈的声明《为一种不存在的疾病"治疗"》。

声明强调："同性恋性倾向乃是人类性向的其中一种正常类别，而且对当事人和其亲近的人士都不会构成健康上的伤害，所以同性恋本身并不是一种疾病或不正常，并且无需接受治疗。"

声明再三指出，改变个人性倾向的方法，不单没有科学证据支持其效果，而且无医学意义之余，并会对身体及精神健康甚至生命造成严重威胁，同时亦是对当事人个人尊严和基本人权的一种侵犯。

声明亦提醒公众，虽然有少数人士能够在表面行为上限制表现出自身的性倾向，但性倾向本身通常被视为个人整体特征稳定、持久的一部分。

综上所述，同性恋不是病或心理异常，无需治疗，不可改变，强行改变可能有害无益。

我知道，以上的文字很枯燥，你很想一目十行。

其实，充满理性的短短数百字，浸透了数十年的血泪。

2013 年 8 月，《越狱》男主角米帅在婉拒俄罗斯圣彼得堡国际电影节官方邀请的信函中写道："（俄罗斯一直反对同性恋）全面剥夺了像我这样的人活着和公开相爱的权利。"这样的历史至今仍在延续。

以下文字仍旧枯燥（我尽量使它不那么乏味），并且包含了更久的时间段落，从过去数百年直到可见的未来。

同性恋不是道德问题。

与性相关，但少见的、不寻常的行为常常被认为是不道德。如同没有理由认定同性恋是一种病态，也没有理由说这种正常的性生活方式有关道德。不排除同性恋者中有不道德的人和事，好比异性恋群体一样。

就像老师里有禽兽，医生里有庸医，警察里有败类，心理咨询师里有龌龊、猥琐之徒……但不能因此给群体贴上标签。

相反，对同性恋者的歧视属于道德问题。

但不可否认，同性恋是极具争议的伦理课题，和死刑、安乐死、克隆等同属挑战人类道德边界的边缘事物。

同性恋不违法。

过去一些历史时期中同性恋曾被列为重罪，受到迫害乃至屠杀，如希特勒当权时期。纳粹集中营给囚犯佩戴用于识别"类别"的臂章，倒转的粉红色三角形代表男同性恋（臂章的图形可以重叠，以标明其双重属性，一名犹太裔男同性恋者，会佩戴一个粉红色和黄色的三角臂章）。

粉红倒三角，后来被人们自豪地用作同性恋平权运动标志。

如今在一些国家和地区，同性恋婚姻已合法化。在中国，没有任何一条法律将同性恋性取向列为违法。此外，有偏激的看法认为，同性恋会引发更多的犯罪行为，甚至是恶行之源（我就遇到过）。这是一种没有根据的主观推断，这个说法即使成立，同样适用于异性恋。

同性恋不是罪恶。

撇开道德，这涉及宗教。《圣经·旧约》中提到"不可与男人苟合"，这成为一些基督徒反对同性恋的信条。现今，不同的宗教和派别对此态度不一，有反对、否定的，有宽容、保留的，有接纳、允许的。

某演员夫妇曾因转发"同性恋是罪"的言论引发争议，为大众诟病，那篇原文即包含宗教思想。撒开宗教，对大多数并无坚定信仰的人而言，认为同性恋是罪恶，大多来自无知造成的恐惧，和纯洁教育造成的偏狭。

同性恋不仅是性行为。实际上，同性恋是性取向的一种，此外还有异性恋、双性恋等。性取向指一个人在情感、浪漫与性上对男性及女性有何种形态的耐久吸引。

顾名思义，同性恋是对同性产生浪漫情感与性的吸引。就像我喜欢男人，但肯定不能说我只想和男人发生性关系，而不去爱，不去交流。

同性恋的成因尚无定论。本质主义认为同性恋与生俱来，由基因决定，社会建构主义则认为是社会与文化共同造就。这些理论各执一词，都无不道理。

我对同性恋有一个简单的理解：同性恋与异性恋，就像左撇子与右撇子。前者少见，但不罕见，也不是病，没违法，无关道德，不过不方便，难适应——日常工具都是利右手的，少数派总归不受关照，冷暖自知。

这样比方，形象易懂，也中立——但两者其实不能相提并论。左撇子，不大可能因为这个特征受到严重的社会歧视而产生心理问题，同性恋则大相径庭——前面说过，同性恋不是心理障碍，何来心理问题？

告诉我，如果你发现自己是同性恋，还会像眼下这么自在么？闭上眼睛，用五秒钟，想象你的世界在一片寂静中以慢镜头的方式崩塌。

5，4，3，2，1，睁开眼睛，回来庆幸。

同性恋者的心理问题集中在自我身份认同上。一方面，形成稳定且自信的自我认同相当困难；另一方面，已有较稳定自我认同的同性恋者要对外沟通，并公开承认其身份亦不易。

说白了，难在自己先接受自己，再让别人接受自己。

李银河在《同性恋亚文化》一书中指出，同性恋身份认同与中国社会环境、社会规范和家庭模式存在冲突，且中国文化中缺乏向父母、亲人、朋友主动沟通负面情感、寻求帮助的倾向，同性恋者只能独自面对强烈的内在冲突，孤立无援。

刘达临、鲁龙光在《中国同性恋研究》一书中也写道：同性恋者公开身份，在中国传统文化中是不能被接受的事，加之很可能会令自己受到社会的指责、歧视，因此极易导致心理问题。

也许最讽刺的是中国学界的态度。1994 年，中华精神科学会通过执行《中国精神障碍分类和诊断标准第 2 版修订稿（CCMD-2-R）》，其中特别申明："将同性恋仍列为性变态，不采纳国外从疾病分类系统中删除、完全视为正常的做法。"

直至 2001 年 4 月，《CCMD-3》出版，方才拨乱反正，将同性恋归于新设立的"性心理障碍"条目中的"性指向障碍"的次条目下，主要针对对自身性倾向感到不安并求治的同性恋者。此次对《CCMD》的修订，被认为是中国同性恋非病理化的重要标志，这距离最早的同性恋去病化已 29 年。

说讽刺，谁都笑不出来，也不好笑。中国人最了解中国，身在其中，不言而喻。

1990 年世界卫生组织在修改后的《国际疾病分类手册（ICD-10）之精神与行为障碍分类》前言中写道：一种分类也是一个时代看待世界的方式。中国有自己的方式，慢，然始终向前。

目前，同性恋者高发的心理问题、心理障碍基本都来自自我或外界的不接纳，不认同。而咨询治疗的目标并非改变，更多是帮助其接受现实，更适应生活。

类似困扰也发生在具备其他个人特征的个体身上，如乙肝、狐臭、肥胖，但被社会歧视和排斥的程度略轻，大多在家人、朋友范围内能被接纳。

比较接近的例子可能是艾滋病——两者都讳莫如深，难见天日，同性恋的问题是如何生活下去，艾滋病的问题更简单明了：如何活下去。

7. 忠于内心，始于出柜

在我所有直接或间接接触到的同性恋者中，东子给我留下的印象最特殊。

我只见过他一回。起先是他姐姐联系我，姐姐担忧而犹疑，说弟弟是同性恋，询问能不能改变。得知不可行，姐姐的反应比较开明，转而希望能帮助父母接受。

我建议东子本人先来，以便了解他的情况和意愿。

东子很高，接近一米八，但他的态度使他显得不那么高大。我估计他是"受"（男同性恋中的依赖角色），有个更形象的词："金刚芭比"。他皮肤白皙、举止文雅、衣着整洁、外表干净、谈吐得体，隐约流露出一点阴柔的色彩。

说一点题外话。

我曾和在美国定居多年的姐姐聊到同性恋，她说周围很多女人都感叹："好男人都同性恋了。"

话说到此，会心一笑。男同性恋者中，很多人都很注意形象，礼貌整洁、彬彬有礼、善待女性、洁身自好。

反过来，直男（异性恋男人）往往粗枝大叶、不修边幅、不拘小节、大男子主义，各种毛病都有。

对比我先生——那每周只在周日刮一次胡子，洗完澡不换内裤，袜子穿到发硬才换，牛仔裤可以自己直立行走（我克服自己的洁癖，容他有一定自由度是我爱他的方式），半夜看电视看到打鼾，在沙发上流一夜口水，第二天臭烘烘地起来，匆忙冲完澡赶去上班的男人，委实让女人们感到悲愤。

我喜欢的几个美剧男主角都是同性恋者，比如《越狱》中的米帅，《生活大爆炸》中的谢耳朵，《猫鼠游戏》中的尼奥。他们都先后"出柜"（公开性向，相对意即家丑得"躲在橱柜中"）。

作为女性，我不由遗憾，毕竟这妨碍了把他们作为幻想和爱慕的对象，但勇敢至此，唯敬佩与祝福可以酬和。

说回来，东子具备类似特点，不过这并非他的特殊之处——他是我认识的第一个真正意义上做到自我接纳的同性恋者。

本来我做了准备，可能需要帮助他确认或接纳自己，但咨询开始，我就意识到，他已经完成了这个过程。

东子是"80后"，当年25岁。初中时，他发现周围的男生都进入关注异性的青春期，而他毫无波澜；到了高中，他已隐约觉察到自己的与众不同，并为此苦恼、困惑；大学期间，他的伙伴有男有女，但他钟情的对象却是前者。

毕业后他去了南方，在一家俱乐部打工。

亚热带的风土气候和开放包容的城市风格，合力纾解着他的心结，他第一次明确了自己的性取向，之后水到渠成，进入了相应的团体，遇到了真正的伴侣。

可以说，找到归宿是他个人生活的大团圆结局，但想要皆大欢喜就难了。

他老家在农村，上面有两个姐姐，继承香火的任务落在他身上。这年纪在乡镇不算小了，结婚的压力日益紧迫。东子的优势也在于山高皇帝远，但他不想敷衍了事，隐瞒逃避，更不想伤害任何一个姑娘，何况那根本不是他想要的生活。

二姐和他感情最好，有文化，他先跟她透了底，希望她转告父母，帮父母接受。二姐心疼小弟，遂找到我。

就是那种不愿为了自己好交代，有颜面而违背内心，拒绝掩藏，拒绝伤及无辜的态度打动了我。

对那些明知自己是同性恋，还进入婚姻，把自己的安危建立在毁坏他人人生之上的做法，我能理解，但不认同——私下里，我认为这是懦夫的表现。

然而，面对东子的真实和坚定，我倒疑惑了——换了我，能不能做到忠实于内心呢？

相比之下，我觉得自己很虚弱。

下一次，他父母来了。一对最普通的农村老人，除了外貌比较苍老，没有特别之处。

我只记得他们举止局促、表情拘谨、身体僵硬，坐在沙发上小心翼翼，显得不大自在——不是手足无措，是心事重重。

事实上，这并非一次理论意义上的咨询，我不知道他们是以一种怎样的心情前来的——是揣着各种疑问想找一个答案，还是稀里糊涂地来听"专家"发言，也许更像是怀着微弱的希望，等候审判。

我自己是怎样的心态，也很难说清。

我记得自己在中立、尊重、理解、关注之余，表现得很笃定，尽量用"这很正常"的姿态来解释同性恋。他们识字不多，我还是找出专业书籍请他们亲自看一看，那些书的厚度和上面的白纸黑字加强了权威性。

他们认真看了，可能不是太懂，但没有提出异议。我只记得他们问过"能不能改"，得到否定回答后沉默了。

最后，我特别强调东子现在很幸福，而我很欣慰他具备这样的心态，拥有这样的生活，如果去改变他，只会让他不幸——不知这话有多少说服力。

他们走的时候，是轻松了呢，还是无望了呢？

人的适应性比想象的强大得多，大多数的坏消息摧毁不了我们。我知道，我也相信，这对老人最终能接受儿子的现状，固然无奈和不甘，还是会接受。可想到这里，想到要让年老的父母来承受，总觉得命运这玩意儿很残忍。

即便如此，我只有做好分内事，帮他们更快、更明确地接受客观现实。

后来他姐姐又联系了我一次，说父母基本默认了，但她自己夹在中间，一边了解父母的苦衷，一边希望弟弟幸福，这让她很矛盾。该怎么想、怎么做，我毫不怀疑，但我明白她。

偶尔的，想到东子，我会想，是不是大多数人浪费了老天的优待。我们不用承受的那些，没有理由说一定不会发生在我们身上，要是最终不如东子幸福，就怨不得天，尤不得人了。

8.除了承受，只有沉沦

我接触的同性恋人不止一个，你可能会说那是因为我的工作——事实上，生活中他们离我们并不远。

对同性恋所占人口比例一直众说纷纭，主要原因是难以获得真实的统计数据。有个不算激进的数字说是 2%，这基本和智力超常者所占人口比例一致。

说句臆测的话：你我周围就有这样的人，可能是你同学的朋友，也可能是非常熟悉的身边人。

同性恋不是这个时代的产品，自古有之。《红楼梦》贵为中国古典文学四大名著之首，既写到薛蟠迷恋柳湘莲，贾琏偶尔"也拿两个清俊的小厮出火"，也写到宝玉钟情秦钟，间接引发第九回中的大闹书房。

同性恋中不乏出类拔萃之人，从苏格拉底到柴可夫斯基，再到冰岛首位女总理。

扮演《魔戒》中甘道夫和《X战警》中万磁王的伊恩·麦克莱恩，想必大家不陌生。他早在1988年便在BBC一次广播采访节目中向公众宣布"出柜"，之后也因致力于争取同性恋权益而知名。

2013年，一部由他和另一位同性恋老戏骨德里克·雅各比主演的火爆英剧《极品基老伴》讲述两个同志老伴的生活，两个老家伙的萌贱、腹黑、傲娇、毒舌叫人哭笑不得，他们的相濡以沫、不离不弃让人心口一热，既妙趣横生，又温暖动人。如果你是接纳度比较高的英美剧迷，可谓福音，不可不看。

2014年开播的一部美剧《性爱大师》，讲述了20世纪50年代性教育专家威廉·马斯特斯和维尔吉尼娅·约翰逊的故事。其中的一个重要角色，马斯特斯的导师兼朋友正是背负着名望与婚姻，痛苦无望的同性恋者，他的遭遇也影响着身旁最亲爱的无辜的人们。

同性恋题材的影视作品不少，电影里，我个人觉得《断背山》是最好的一部。

好导演会讲故事。据说原著是冷峻、沉郁、精当的，电影则以收敛、节制、含蓄为基调，辅以绵延、明净的风景，调和出欲言又止的意境，欲罢不能的情愫，举重若轻，意味深长——最终斩获奥斯卡最佳改编剧本奖。

好导演会调教演员，两位主演抛开顾忌的投入表演，令观者动容，也为他们迎来了事业高峰。

虽然当年的奥斯卡最佳影片奖，《断背山》惜败于社会意义更广的《撞车》（种族歧视题材），获得了性质上略小众的最佳导演奖，但无损于它的深度。

我是在某又深夜一个人窝在沙发里看完这部电影的。当时《断背山》已经上映半年多，评论和口碑出奇一致得好。

作为敏感题材，处理到能让影评家、主流媒体、普罗大众三方接受、认同，兼具艺术性与商业性的平衡，帮助我保持了观影兴趣，时间沉积也增加了电影的吸引力。但我很小心地不看任何影评，避免让先入为主破坏了观感。

电影的前半部有些沉闷，冗长而宁静的铺陈，不急不徐。

很多艺术片都不自觉地考验观众的耐心，然而，如果真是一部上乘之作，等待总是值得的。

我耐住性子等着。直到，看到四年之后，两个人的再次重逢。毫无预兆地，一直内向、被动的恩尼斯猛然将杰克抵在楼梯上……我浑身的毛孔顿时张开了，这个激烈的热吻让我全身冰冷。

在此之前，我对同性恋的感性认识可能跟许多人一样，带着点好奇和浮想联翩。但那个吻猝然击中了毫无防备的我——那是一个沉默的、压抑的、痛苦的、扭曲的、愤怒的，几乎要挣扎着将全部的生命力揉碎、灌注其中的吻。

那是无声的呐喊，是汹涌而来的巨浪，是喷薄的火山，是无力抵挡的毁灭。

是命运，除了承受，只有沉沦。

是爱，和你我的爱没有什么不同。

我很震惊。一种价值观的震动。

最后一幕，衣柜中套在一起的两件衬衣，用一种全然东方式的表达，冲溃了我视觉的防线。不可抑制地，我任由热泪汹涌。

我也曾经这样爱过。

这样深信不疑地爱过。

真爱无关性别。李安如是说。

是的，同性恋、西部片，所有贴标签的评语都会使人产生歧义，忽略电影想要表达的本质。诚如李安对电影的态度："这部电影不是为同性恋权利呼喊，也不是对同性恋保守的观察。我是一个戏剧家，对我来说的底线是爱情故事。"

BBC评论说："实际上这对爱人间的激情令人震惊……这个关于爱的故事，表达出了人性中一些本质的东西，既自然灼痛又优美细腻。"

这是一个关于爱的故事。爱，无关性别，爱，无差别。

之前的我，多么浅薄。

文章写到这儿，已经数千字。先生问我干吗呢，我说，我想把自己关于同性恋的看法尽量写全。

这篇文章好多年前我就想下笔了，但那时的我比现在年轻，比现在激烈，未必能表达得恰当。

这篇文章无意为同性恋"洗白"，这个群体不过是社会特殊的缩影，照样有骗子、小人、蠢货、流氓、恶棍、变态——我想说的是，他们和我们一样。

我还想说，他们可能弱势，但不是弱者。同性恋者不需要可怜，我反对用同情的眼光、俯就的姿态、容忍的表情对待他们，他们要被尊重，被接纳，被视作平常。

几年前，我在深夜的电视频道看过一部电影《变装皇后》。

变装皇后，也叫女装皇后，"几乎都是喜欢以女性角色出现的男性同性恋"（《变态心理学第 9 版》）。

他们定期举行比赛，评选出最佳变装皇后，类似于超模大赛或选美，目前美国还有一档电视真人秀比赛。

他们穿异性服装的目的，有别于异装癖（关联性唤起）和性别认同障碍（渴望改变性别），也不同于男扮女装的反串演员，而是为了单纯地获得一种女性角色。

《变装皇后》讲述了三个变装皇后（两个白人，一个黑人）去参加一年一度的变装大赛，途径美国中部一个闭塞、守旧的小镇，因汽车抛锚暂时落脚。

那三位的女性装扮艳丽无比，极尽招摇，但毕竟藏不住男儿身，加上行为高调，举止做作，语言夸张，引来小镇居民的各种侧目与排斥。

然而，随着相处日深，他们融入了小镇居民的生活，用良善和热诚给众人带来了安慰、帮助，为萧条的小镇增添了欢乐、活力，甚至抑强扶弱、抱打不平——救下弱女子，打跑了长期施行家暴的行凶丈夫。

在特立独行，格格不入的外表下，无畏世俗，依然赤诚的心融化了偏见，赢得了人们由衷的信任与尊重。这段经历也促使他们自我探索与成长。

影片最后，小镇居民派对，被救的主妇走到其中一位变装皇后面前说："我不知道你是女人还是男人，我只知道，你是天使。"

我不知道，你是同性恋，还是异性恋。

我只知道，你是我的同类。

第五章
一半在尘世，一半在心怀

1. 赢了房子，赔了幸福

彼岸草说，这个元旦是自己长到 28 岁过得最糟糕的一个——为了婚房署名的事，两家人只差翻脸，原定今年 5 月份结婚的计划，现在也搁置下来。

男友是彼岸草曾经的同事，两个人谈了将近三年恋爱，中间虽然有些小波折，总的说来感情还不错，到了去年，理所当然地谈婚论嫁了。

彼岸草的家人提出要买套房子，这个要求也不过分，他家也同意了。因为他家境普通，父母都是工人，手头没有太多积蓄，最后他父母卖掉了一套老家的小房子才付了首付。

剩下的房款，是以他的名义贷的款，说好了主要由他用工资还，彼岸草也适当帮着还一部分。考虑他家的经济状况，也是体谅他的父母，房子的装修、家具和家电全由彼岸草家负责，彼岸草的父母还说要再给小两口买辆车。

彼岸草的家境确实比较好，但现在一般都是男方买房，女方负担这么多应该可以了。问题是，男方父母有一个要求：在房产证上只写男方一个人的名字。

对此，彼岸草真的很恼火，很气愤，也无法理解。男友说，是他妈妈觉得彼岸草个性强，怕万一两个人过不好婚姻有变化，到时候人财两空，所以想把房子给自己儿子留着。

彼岸草觉得这话真是可笑，难道自己是看中他家的房子才结婚的吗？自己要是这种人，根本就不会选他！两人还没结婚，他妈妈就为离婚做准备了，她是不相信两个人能过好，或者认定了两个人会离婚么？

男友很理解彼岸草的愤怒，但他只有无奈，而且他的性格比较软弱，无论彼岸草怎么跟他发狠、跟他为难，他在父母面前还是无能为力。

这事瞒不住，很快就被彼岸草的父母知道了，他们也很生气，说男方家小家子气，不讲情分，不上台面。彼岸草也是这样看，这样的家庭真的没什么可说的，怎么就被自己遇上了。

元旦两家见面吃饭，在饭桌上彼岸草的妈妈提到这事，男友的妈妈也不解释，就只是坚持，最后大家不欢而散。

现在事情就僵持着，彼岸草也不知道怎么解决——房子已装修好了，家具、电器也都买了，这个婚难道不结了？为什么他的父母就不能真正考虑两个人的幸福？

因为婚房的署名，直闹得恋人分道扬镳，现如今并不罕见，时有耳闻。婚房署名看似简单，皆大欢喜却不容易，其中的关键，是各方当事人不同的立场和心态。

先看看女主角，你用"愤怒"形容自己，不仅如此，你心里还涌动着其他负面情绪，比如不平、委屈、轻蔑，所有这些感受在你的角度都有充分的理由——就事论事，结婚的物质成本，你和你的家庭承担得并不少，关于署名的要求也不十分过分，目的是想获得公正的对待，同时保障你的权益。

我相信，你是体谅对方的，是愿意付出的，只要自己的付出得到他人的认可和肯定——结果呢，正相反，你只得到了伤害和质疑。

至于男主角，他很理解你，却无奈，无能为力，这也事出有因。世俗观念认为，婚房理当由男方筹备，实际情况是，年轻人很少自己买得起动辄几十、几百万的房子，大多要依靠父母的大力支援——说白了，你的男朋友为了和你结婚能有套房子，得向父母伸手要钱。

一个迫于现实压力，终身大事要依靠父母拿出多年积蓄的成年男子，如果有孝顺之心，怎能张口再向疼爱自己的父母说不呢？他不是不爱你，也不是软弱无能，他是经济不独立，说话没底气。

再看看你的对立面，男友的父母。作为婚房的主要出资者，自然要对这一大笔"投资"做一番风险评估，以图利益最大，风险最低。

在他们这一辈看来，你们婚姻的风险之一不仅是你们彼此无法预见的未来（这一点人人平等），还有眼下"80后"们的高离婚率——这么一推论，财产分割自然成了防患于未然，减少争执的"防弹衣"。

具体来看，男友父母为了购买婚房几乎倾其所有，如此下血本，于是他们固执地坚持只肯写儿子的名字，以防万一有一天儿子赔了夫人又折"房"。这是典型的"做最坏的打算"，他们的做法不是为了伤害谁，否定谁，而是一种自我保护。

最后是你的父母。我们会发现，其实不单是对方父母在考虑婚房署名，你的父母也在考虑。

不过，假设你父母生的是个男孩，那么现在恐怕和你男友父母的思路会不谋而合——当然不能让媳妇占尽便宜。

这其中，更多的是中国式父母特有的护犊之情——恨不能把自家孩子前途上所有的好都留下，所有的坏都清除。

大家都忙着体会自己的感受，保护自己的利益，却看不清，全然的自我保护，一味保证自己的利益，就是自私自利。保护了婚姻中的某个人，就是置整个婚姻的利益于不顾。

捡了一地的芝麻，丢了偌大的西瓜。忘了一件根本的大事——保卫婚姻。婚姻是两个人的事，两个人利益一致，婚姻才能美满长久。好的婚姻，才能保证任何一方的利益。

说说我自己吧。

我结婚时 25 岁，婚房是先生家里拆迁安置所得，在先生爸爸的名下。其实，房子可以署我先生的名，免一道未来过户时的税，但我明白他父母的考虑——那时他们并不看好我和先生自主决定的这段感情。

结婚前，我那合理主义的爸爸曾经跟我提过两回，是否要把房子过成我先生的名字（那时的法律条款和现在不同）。我也知道这是想保障我的权益，但我顾全大局的妈妈并不赞成，她自尊心强，又怕事。

我自有主张。首先，这不是我先生挣来的产业；其次，如果我们婚姻美满，谁也不会把我赶到大街上；最后，也是最重要的，为求"公平"理论，无疑会挑起事端，在婚姻的开头就投下阴影，又有什么好处呢？

在我看来，那不是一套有现金价值的房子，那是我的未来，我要在自己的家里过好每一天。

我们结婚第 8 年，先生的父母买了一套大房子自住，这一回用了先生的名字。结婚第 13 年，我们自己也贷款买了一套大房子。目前，我还住在原处，这个我住了十多年的房子，至今不是我们的名字，但，它是我们的家。

婚房即便署上自己的名字，若最终成为怨偶，乃至劳燕分飞，可算赢了房子，赔了幸福，是笔赔本买卖；婚房即便没有自己的名字，若两人互敬互爱，有商有量，你幸福一辈子，也安住一辈子。

未来未知，谁也防不上所有的未然之患，与其杞人忧天，不如着眼身边。问问自己：我的做法是让现在舒坦了，还是给未来留下隐患；我是时时去铺退路，还是日日奔向前途。

你问，为什么他的父母就不能真正考虑我们的幸福？

我要问，真正考虑你们的幸福，你会怎么做？

如果现在你的利益不周全，如果现在你的感情被质疑——问问自己：我是马上据理力争，不惜鸡犬不宁，临了损害了婚姻，印证了他人的话；还是明白口说无凭，从此埋头耕耘，用时间、用事实、用生命的丰收去作答。

2. 黑暗大 BOSS

程喆坐在我面前，然后用"失意"二字来形容自己这几年的人生，说自己接连遇到几次打击，生活一次次发生意想不到的转折。

起因是那年，他意外地查出得了乙肝。

大学毕业后，他进入一家食品行业的龙头公司，一直努力工作了 4 年，才升到一个不错的位置上。他原以为会一直平稳地做下去，继续升职，然而一次例行体检却查出了这个结果。

当时，他虽然想办法隐瞒住了，周围人并不知情，但毕竟是在食品行业，而且公司对待这个问题非常严格，以前就有同事被辞退过。

纸包不住火。想到万一被人知晓，甚至揭穿，后果更不堪，以后迟早都要面对，考虑再三，他最终还是在两个月后辞职了。

之后几年，他连续考过三次公务员，前两次笔试都过了，成绩也靠前，却因为体检被淘汰。等到第三次，他已经失去了信心，连笔试都没有过。这一切对他影响非常大，他原来性格就比较内向，现在变得更加沉默，而且不愿与人交流相处。

如今，他在一家小企业工作，做一个中层领导。之所以做这份工作，是因为老板是他爸爸从前在工厂里的徒弟，出来单干后发达了。老板对他还算比较客气，交代的工作不多，他都能胜任，但他从来没对这个企业产生过归属感。

老板只有中专学历，程喆却是本科毕业。老板人虽然不坏，但程喆对他的管理方式难以认同，对他的言行举止也不敢苟同。但毕竟是他在自己最消沉的时候伸了一把手，寄人篱下，不得不低头。

工作不理想，程喆也没有心思谈恋爱。期间也相亲过几次，但自己没有动力，也不上心，就像应付差事一样。谁能看上自己呢，看上自己的女孩，大概自己也看不上。

父母见程喆这样，也无可奈何，经常唉声叹气。

程喆常常怨恨命运的不公，为什么让自己得上乙肝，他自认没做过什么坏事，不应该得这样的病。他觉得因为一个乙肝，人生就彻底毁了，所有的努力都白费了，注定无法得到自己应得的东西。

如果没有这种病，他觉得自己不会是现在的样子，有了这种病，今后的人生不会再有什么指望，只剩迷茫……

如果说，我理解程喆的感受，他未必以为然，因为得乙肝的是他，不是我。不过我相信他会同意这样一个事实——每个人都有自己的苦衷，都有自己的缺憾——所以，我们是"平等"的，是可以相互理解的。

一个普通人的人生总是附带这样那样的困境，其中一些是"先天不足"（比如身高），另一些是"客观现实"（比如乙肝）。这些没有人乐意的遭遇，要么是我们与生俱来的，要么是无法预知的。

能改变能改善的，积极面对。如果一时之间难以改变，甚至永远不可动摇，倒不如去接纳它。反正，它不会因为你不接受而变好。

具体到程喆的生活里，乙肝就是他不可动摇的、糟糕的客观现实。得了乙肝之后，他失掉了好端端的工作，三次公务员考试未果，最后被他不认同的老板"收留"。

一个男人面临这些非主观的失败，真叫人惋惜，于是他不由得说："因为一个乙肝，我的人生就彻底毁了。"

乙肝会毁掉一个人的人生，听上去既像事实，又让人疑惑它竟有如此威力。

先来说说一个普通人的职业选择。假设一个人站在中心圆点，四面都是放射状的道路，从一开始，这些道路就有一大片是关闭的。

我们随便加上一些前提条件：

（1）性别。一个男性几乎不会选择成为幼儿园老师，一个女性当上国家元首的可能性更低（我也应该埋怨老天，为什么让我生为女人）；

（2）学识。一个文科生当不了医生；

（3）体质。一米六的身高打不了职业篮球；

（4）性格。沉默的人不适合做销售；

（5）其他。口吃者难以胜任老师。

……

即便样样出色，只一个性别，人生就有无数选择向你关上了门。

这些被关闭的道路，受我们的客观条件制约，很难突破。换个角度，也有好处，它省却了麻烦，为你排除了不属于你的路，剩下的就是你能走的。

其实，没有一个人可以走通所有的路——条条大路通罗马，你也只需找到你要走的那一条。

如此，就算是因为乙肝，那些关上的门、封闭的路，真的会造成你完全走投无路吗？或者，肝炎就像性别、身高，只是为你屏蔽了一部分道路，同时使另一些道路变得清晰。

程喆，只要看看你现在的老板，就能有所启发。中专学历，以前在企业里做工人，现在出来单干成了独当一面的老板。这样一个你并不太瞧得起的人，论学历不济，论起点不高，论思路不先进，论举止不得体——他，像每个人一样有自身的不足，但他没有限制自己的想法和步伐，他打开了自己的门，走出了自己的路。

除了我们周遭各有不足的普通人，那些突破先天或后天重大局限的人也比比皆是，从写出《史记》的司马迁（宫刑）到霍金（渐冻症），从邰丽华（先天聋哑）到约翰·纳什（精神分裂症）。

你当然可以找到理由，说那些成功者都不是凡夫俗子，而自己实在太普通了——我却以为，他们原本是背负着命运缺憾的凡人，唯"面对""接纳""突破"才使他们不再平凡。

有无数实例证明，人是不会被任何缺憾绝对地束缚住，绝对地压倒——我们始终有赢的一面。

反过来，如果你甘心被束缚、被压倒呢？

来看看你的话："如果没有这个病，我不会是现在的样子，有了这个病，今后的人生也不会再有什么指望"。

这掉进"如果"的意识陷阱，假设没有这遭遇未来一定好，假设有了这遭遇未来一定坏，其实等于在说：我不接受客观的既成事实，也不改变主观的自我认知。

否认现实，否定真实自我，如此，坏的客观和坏的心境会持续发酵，最终你"坏的预言"就会成真。

"我常常怨恨命运的不公，为什么让我得乙肝，我自认没做过什么坏事，不应该得这样的病。"

——进行错误的归因，会让我们把生病和品行建立因果关系，于是质问"为什么"，质疑"不应该"。那么，谁"应该"呢？怨天尤人之后，情绪得到宣泄，但同时也把责任推诿给老天，把改变的权利拱手相让——老天承担失败的原因，你却成了失败的结果。

不接受事实，也不接受自我；不承担现实，也不承担改变——这样的你，人为地为自己设限，把一切罪责归因于那么几个字：

乙肝、口吃、矮小、狐臭、失聪、癫痫、抱养、遗弃、虐待、性侵、家暴、背叛、离婚、毁容、残疾、吸毒、赌博、同性恋、失眠、强迫、抑郁、恐惧、教养失误、双亲失和、父母出轨、单亲家庭、童年创伤，甚至弑亲……

看看，你已经不战而降。

以上，列举的都是我遇到过的真实案例。

咨询者初来时，往往会说，就是什么毁了我的生活，如果没有它，我的生活一定不是这样。他们的感受都是真实的，却并非全然的事实，不然，但凡是人，十有八九都应该毫无招架之力，直接瘫倒在地，一蹶不振了事。

换一个角度，这也说明，命运自有它的公平，每个生命都是独特的，都在负重前行，却并不孤独。

那几个字真是我们命运幕后的黑暗大 BOSS 吗？

那几个字真有足以毁灭整个人生的负能量吗？

又或者，这能量来自你不平的内心，又用错了方向。

3. 解梦读心

真爱来咨询的时候，面容憔悴，她说自己一直被一个梦所困扰。而这个梦，源自她先生的一个错误。

　　10 年前，先生有过一次短暂出轨，是真爱在无意中发现的，对方是个外地的年轻女孩，是他在一个培训班相识的。

　　当时，真爱和先生经过 6 年的恋爱，刚刚进入婚姻不久，彼此确实缺少了一些新鲜感，但感情基础很坚实。因为他个性比较内向，一般很少和女性来往，所以真爱从来没想到在他身上会发生这样的事。接着，彼此都不愿放弃，也都很努力面对、解决。

　　说实话，这是真爱人生当中遭遇过的最大的一次打击，她没有告诉任何人，包括家人、朋友，外人看不出她有什么变化，只有他知道真爱几乎崩溃了。

　　真爱整夜无法入睡、吃不下饭、不想出门、不想说话、不想见人、情绪低落，却没有一滴眼泪，他当时甚至害怕真爱会自杀。现在回想起来，那时的真爱可能得了轻度抑郁症。

　　直到一年之后，真爱才逐渐走出来，重新开始信任他。现在看来，经过这件事，两个人的感情更成熟，也更亲密了。

　　现在，真爱是信任先生的，也确信他值得自己信任，只是偶尔想到往事，依然不免感伤。

　　真爱一向不乐观，经历了这些，她自觉自己对很多事的理解力和承受力更高了，只可惜没有因此而变得乐观。

　　奇怪的是，从那以后，真爱开始毫无预兆地做同样的梦，梦到他又出轨了——对方是不同的女人，大多数都是陌生的，而他对自己的所作所为毫无悔意。

　　每次在梦里，真爱都感到撕心裂肺地痛，感到委屈和愤怒，感到无法相信和无法理解，甚至在醒来的那一刻还在哭泣、流泪。每次清醒了，她也清楚这不是真的，真实的生活也没有发生任何让她感到怀疑或担心的事。

她不知道这些一再重复的梦代表了什么，或者预示着什么……

谁都会做梦，但被同一个梦困扰到如此地步，是时候接受专业帮助了。

真爱的这个梦和她的生活似像非像，它总是不请自来，重复发生。在梦里，真爱痛彻心扉，如同往事重演，所以她想知道，自己的梦意味着什么。

好，现在，就来梳理"你的梦"。

我们要梳理的，是两个部分："你"和"梦"。

先来说说你——真爱本人。

遭遇他的背叛是你人生中最大的、意想不到的沉重打击，以致你崩溃，抑郁，花了一年时间才解脱出来。当时的你选择不向任何人倾诉，独自一人承受痛苦，雨过天晴 10 年后，往事依然会让你感伤，这说明你是个敏锐易感，体验深刻，擅长忍耐，压抑情绪的人。

同时，你的个性中有足够的坚韧和难得的理性，帮助你面对挫折，战胜自我，和对方一同成长，到达感情的新境界。

这一路很艰难，既感性又理智的你把这两种特质结合起来，以感性体验，以理性理解，扬长避短，渡过难关。

诚如你所说"自觉自己对很多事的理解力和承受力更高了"，你完整地消化了真相；接受了事实，容纳了伤害，这的确使你的接纳度高了很多——也意味着你要说服自己直面人生中的不幸、人性中的丑恶，克服生来对它们的抗拒，压抑自己消极的情绪，并且对这一切的存在加以合理化。

这或许可以让一个人变得平静，但很难使他"因此变得乐观"。

再来说说梦。

梦是睡眠的一个部分，每个人每晚都会做梦，梦境却大相径庭。

大多数的梦都是一过性的，但几乎人人都有自己"专属"的梦境——独特，重复，情绪强烈，印象深刻，频繁地发生在人生某一个阶段。

"专属"的梦和一过性的梦性质相同，而前者与做梦者生活经历的关联度更高，与人格个性的关联度更深，仿佛打上了做梦者的烙印，也更易揭示内心。

不管梦境与现实有怎样的关联，清醒时，我们都能分辨出梦的具体内容是非理性的，不合逻辑的，如你所说"不同的女人，大多数都是陌生的"，"这不是真的"。心理学有一种观点认为，梦境本身并无意义，有价值的是梦境中体验的情绪。

日常生活中，清醒状态下，各种负性情绪处在意识这个守门人的调控之下，被压抑或理性化，但并未消失。

进入睡眠后，意识放松了管理，情绪再度活跃，变通地从梦境中解放出来。如此一来，梦中的情节并不重要，反倒是这些情节让你体验到的情绪，尤其是负性情绪，都可以从实际生活中找到对应的源头，极具现实意义和参考价值。

我们把"你"和"梦"两相结合，再作解读。

遭遇背叛，对你而言无疑是鲜血淋漓的惨痛经历，它一一打破了你原来对爱人的认识，对自己的判断，对人生的期待，对生活的看法。

在废墟上重建生活，重建信任需要莫大的勇气和智慧，你做到了，然而无论用怎样的勇气和智慧都无法抹掉发生过的事，经受过的煎熬。

柳暗花明，时过境迁，你已经走出阴霾，但如今的你是附带着那些伤痛的你，最强烈的情绪不再卷土重来，却依然残留在你的记忆和体验中，如影随形。

眼下的幸福美满是真实的，曾经的委屈、愤怒、焦虑、辛酸、失望、消沉……也是真实的，它们占据一个旮旯，未曾全然化解并消失于无形。

偶尔的，你还会有一些隐忧，因为你见过生活的另外一面，可理智站出来坚定地摇摇手指。久而久之，那些被拘押的负面情绪躁动着想放放风，便趁睡眠中意识打盹的间隙，借由梦境幻化出来，曲折地向外诉说。

不要过分拘泥于梦境，它其实是受抑制的潜意识的反映，是情绪天然的出口，是对"主人"的暗示。我们因此多了一面观照内心的镜子，多了一个释放自我的通道。

你不再无忧无虑，但你可以承载更多，仍旧轻捷。

梦，帮助你平衡着你的负重。

4. 不想当将军的士兵

33 岁的婷最近遇到了烦心事，说出来，大概没有多少人会理解她的纠结，她也怕朋友们觉得自己矫情。最终，她找到了我。

上个月，校长找婷谈话，要提拔她做校长助理。这是多少人梦寐以求的，可婷当时就以自己的工作能力有限婉言回绝，但校长说她信赖婷，对婷的工作能力、为人品德很看重。

当时，婷做学校的中层干部已两年了，校长还说单位没有再合适的人选了。婷还是以家里孩子小，老人身体不好，不会八面玲珑等理由推辞，但都被校长的大道理挡回。

软磨了半天，校长决心已定。婷回到办公室，顿时感到心里很难受，因为她真的觉得自己不适合当领导。

这两年，婷品尝到了当干部的烦恼，左右逢源的累心，自己闷头苦干的艰辛，被领导批评的委屈。这两年，婷还是觉得自己当老师更适合、更快乐。

也许很多人正削尖脑袋往上钻，但城外的人想进去，城里的人想出来，这"围城定理"悟得越来越明了。婷觉得，也许是自己得到这一切太顺利了，赛课一等奖、论文一等奖、教委系统表彰……该有的自己都有了。

但婷从不会肉麻地刻意迎合领导，她只是努力、踏实地工作，真诚、谦和地待人，用一颗包容、喜爱的心去对待自己的学生，用校长的话说是："你如果再花描（方言，意即喜欢表现）些就好了！"

婷现在所有的一切都是真材实料的，因为刚工作时她就知道，自己是一个没有任何背景的人，自己有的只是勤奋的工作态度，对工作的一份热情，因为她喜欢当老师。

但现在，她一边忙于应付单位琐碎的杂事，一边还要搞教学，有时在教室上课正投入还要被拉去开会——鱼和熊掌不可兼得，有的干部宁可耽误学生的上课、作业，也不愿放弃任何一个在校长面前跑前跑后的机会。

可婷宁可不当干部，也要对得起自己教的学生，她宁可把学生的作业改掉，也不愿为校长写公文而耽误孩子们的学习。但作为一个中层干部，强烈的岗位责任心又要求婷要干好校长布置的任务——她完全是出于一种责任心，并不是去讨好校长。

所以，婷很累，尤其心累！

婷很注重自己的心理健康，平时感觉自己的心态还是很平和。要改变这一累人的现状，要么专搞行政事务，不教学，婷也不会觉得对不起学生；要么专心教书，像以前那样，不当干部，婷也不会觉得自己不称职。

可这是不可能的，即使当了校长助理，还得任课，所以她一心只想推辞。

也有人说，多年的媳妇终会熬成婆，等婷当上一把手就不用教书了，但她讨厌官场上那些虚伪的嘴脸，讨厌陪人吃饭的各种应酬，所以婷来问我："我这种个性适合当领导吗？"

婷的妈妈也劝她："你就接受吧！这个社会就这样，当官总比百姓好，当老百姓没人理睬你！"

婷说："这次如果升上去，津贴会比现在高，但这钱是牺牲我的精力、时间换来的。我宁可不要这钱，也要找回我原来当老师的一份快乐，去除现在的烦恼，找回我原来平和的心理！"

可妈妈说："健康包括身体健康、心理健康和良好的社会适应能力，你连现在这种社会的游戏规则都不能接受，谈不上健康。"

婷想在今年暑假换一所学校，但调动要找人，她的社会关系有限，校长知道了一定也不高兴：我白培养你一场。婷也不愿背负"忘恩负义"的罪名，因为没有领导的重视，她也不可能走到这一步。

老公也说："如果调离，你十几年的工作积累会功亏一篑，到新学校要论资排辈，什么好事也轮不到你，大量的工作压给你，不见得比现在舒服。"

但婷还是想调，她不在乎名利，在乎的是自己心灵的解放——工作苦不要紧，累人不能累心呀！

但妈妈的话也有道理，在这个十字路口，婷也不知自己何去何从。

好友对婷说："你是不想当将军的士兵，但还是个好兵。"

作为心理咨询师，不可能帮人做选择，但我可以从心理角度做一个分析，帮助婷调整自己的心态，找到出路。

不是所有人都能理解婷的困扰，也许认为这是好事的大有人在，但我明白，婷有多为难。

不过，婷，这也不能算一件绝对的坏事——校长要提拔你，总好过要辞退你。可是，这个决定即将改变你的生活，也会扰乱你原本平静的心。

原本你只想投身教职，心甘情愿为孩子们付出，因此享受着一线工作苦累之后的成就感：一面过着单纯的人生，一面实现着个人价值。

后来，工作出色的你自然晋升为学校中层干部。作为一个有责任心，对自己有要求的人，你既不想耽误公务，又不愿损害教学，很快从身体累、头脑累，升级到心累。加之，你的个性不热衷钻营，不擅长应酬，甚至感到反感，难免适应困难。

这样一来，如果你做了校长助理，要应对琐碎的公务，教学也还要进行，两种岗位间的交叉影响，矛盾、冲突势必更加激烈，首当其冲的是你的心境，不由你不纠结。

你很想解开困境——"要改变这一累人的现状，要么专搞行政事务，不教学，我也不会觉得对不起学生；要么专心教书，像以前那样，不当干部，我也不会觉得自己不称职"——

事实上，人生的选择题不会这么一目了然，你自己也清楚这样理想化的方案不现实。

接下来，你另寻出路：调离，换一所学校。这个方案确实有可行性，但远远谈不上理想，倒是会问题百出——

留下，接受升职，校长会满意，津贴会增加，会更被人尊重，但是以牺牲个人精力和时间、快乐和平和换来的。教学受影响，还要压抑着自我，虚伪地过活，累人又累心。

调离，重新开始，可以解放心灵，单纯地做老师。但调动很难，加上校长不满，自己还要背上"忘恩负义"之名，真的进了新校，前十多年的资历清零，好处轮不倒自己，教学工作却难免繁重。

真的是进退维谷。我相信，只有好老师才会遇到你这样的两难处境。

从哲学角度而言，两难之所以难，是因为两方面都具有一定的合理性。如黑格尔所言，是两种合理性的冲撞，其中往往包含着深深的无奈。

心理学的解释更具体。

心理学家勒温，将意志、行动的心理冲突或动机、斗争，分为以下四类：双趋冲突，如鱼与熊掌；双避冲突，如前狼后虎；趋避冲突，如想吃糖又怕胖；多重趋避冲突，即对两个或以上目标，兼具好恶的复杂、矛盾的心理。

你的困境属于最后一种。

多重趋避冲突中，如果几种目标的吸引力和排斥力相距较大，尚且不难；如果比较接近，则解决冲突就相对困难，需要反复考虑得失、权衡利弊。

因此，你辗转反侧，难以抉择。

心理咨询师不可能帮人做选择，我会提出一些角度，提供一些思路，与你一同探讨。

人么，天性使然，总是趋利避害，希望得到想要的，避开不想要的。反过来，生活中摆在我们面前的趋避冲突非常普遍，甚至稀松平常。这是一种矛盾。

这个矛盾，已经预示着，任何选择都不完美，必然要有成本，有代价，有损失，或者承担某种后果。解决这个矛盾，就要确定得与失——即便鱼与熊掌都是好东西，你也要决定放手其中的一样。

所以，老天不会那么便宜你，或者我。这正是对我们心态的考验。

具体到眼前的选择，任何事物都存在两面性，经常需要换个角度辩证地看。

你不想做领导工作，因为你不适应这个场合，只想把精力投身教学，对学生负责。那么，假设因此，另一个想当官、不办实事的人当了官，是否是对学生更大的不负责任？这份公职也意味着责任，你不愿承担，是否也是种逃避？

不适应官场，是否就无法为官，这也有待商榷。不趋炎附势，埋头苦干的你，也晋升到了中层，又被提拔为校长助理，可见为官也需要口碑和能力——为民办事的能力。

既然有一些对名利趋之若鹜者，他们显然更适应官场，更迎合校长，校长怎么没遵从"潜规则"提拔他们呢？

身在小官场，如同身在大社会，都需要适应，却不等于彻底妥协，牺牲自我。

中国人的哲学推崇外圆内方，你依然可以保持自我，而不与他人冲突，将自己塑造得外表圆融，内心坚韧。比如，我们都知道，酒桌上有从不喝酒的男人，官场里有不端架子的官员，前者也被人接受，后者也没有与众不同。

同样，适应、接纳也是对我们心态的磨炼。

我很赞成你对个人心理健康的注重，而对你妈妈的话，我则要击节称赞——"健康包括身体健康、心理健康和良好的社会适应能力，你连现在这种社会的游戏规则都不能接受，谈不上健康"——老人家说得真好，这是有阅历的人生智慧。

无论将军还是士兵，要想做好，离不开好心态。

最好的心态，不是因为万事如意，反倒是生于忧患，蓬勃于逆境。

最好的心态，是接纳——接纳自我，接纳困难，接纳现实，包括那些你不赞同的部分。

人生在世，身不由己，却能心无旁骛。你依然可以自由地做出任何选择，只要它所带来的一切，你都已经做好准备。

婷在咨询过去一周后，给我发来邮件，说感觉这个星期很愉快，我的话给了她许多启发，她认同这句话："最好的心态，是接纳——接纳自我，接纳困难，接纳现实，包括那些你不赞同的部分。"

是的，人干吗要那么较真呢？

她最后告诉我："前段时间自己钻进了死胡同，现在走出来，该面对的还得面对，做最好的努力，做最坏的打算吧！"

5. 新丛林法则

小敏来咨询的时候，说自己以前对周围的一切都不太在意，所处的环境也相对简单，从没像现在这样压抑过。

原来，她在一所学校做会计，差不多三年前进了现在的单位，是一家机关下属的事业单位。虽然收入高了，但情绪却越来越低落，现在发展到每天去上班都像是煎熬。

其实，工作本身是小敏能胜任的，而且手里的事也不算多，可是工作环境、同事关系实在让她窒息。财务办公室就两个人，按说人际关系应该很简单，但小敏就那么倒霉，撞在了枪口上。

跟小敏同办公室的女同事是单位的副主任，今年 42 岁，她老公是单位上面主管局的局长，连本单位的一把手都不敢轻易得罪她。这位副主任的坏脾气是出了名的，她说话专挑难听的说，特别呛，一点不给人留情面。

小敏认为，她脾气这么坏，可能跟她没有生过孩子有关——她有个女儿是领养的。据说她在家是母老虎，张嘴就骂，老公都被她训得服服帖帖。

当然，说她完全是靠关系也不公平，她的工作能力还是比较强的，有些子单位的事，很是麻烦，她一来几下就处理掉了。

因为主任也要看她脸色，她在单位里是要风得风要雨得雨，大家都在加班，她说家里有事请个假就能先走了，最后加班费还照拿。

最近她又跑去跟主任闹加工资，一开头主任不肯，她闹了两回，结果主任还是给她加了。理由是，她是高级经济师，应该按照高级职称来拿工资，最后还要把今年前几个月的都补给她。

之所以开始不想给她加，是因为单位里有好几个高级职称，要加就要一起加。

她特别精明，只要和自己有关的利益，从来不放过，包括一些考试培训，她都会借口对工作有用去参加，还跟主任报销培训费。

其实，之前她参加高级经济师培训时，倒也问过小敏去不去，但小敏最怕考试，怕背书，还要花时间、精力，所以最后没有报名。

反正小敏认为，副主任是个很厉害的人，不管她想做什么，最后都能做成，想要什么，都能得到。

但最让小敏受不了的是，她喜欢窥探别人的隐私，打听别人内心的想法。她经常问小敏家里的事，老公的工资待遇、孩子的考试成绩、小敏的婆婆是不是又回老家了……还老是逼着小敏回答。

还有，她会说其他同事的坏话，然后逼着小敏跟她一起说，或者问小敏的看法，其实就是想要小敏同意她的观点。如果小敏不回答，她就一直问，直到小敏回答为止。而且小敏不回答肯定不行，她一定会当面给小敏难堪，让小敏下不了台。

小敏跟我说，副主任经常这样说："哎呦喂，还保密呢，有什么大不了的。"对别人，她也一样。

她是副主任，是领导，而小敏只是个普通的办事员，小敏只有一切顺从。虽然当初小敏也是亲戚介绍来的，但算不上有背景，副主任也不把小敏放在眼里，有时小敏真觉得副主任当她就像脚下的蚂蚁。

其他部门的同事知道她的德性，都对她敬而远之。小敏觉得自己最倒霉，既惹不起也躲不起。和她相处，小敏只能一而再再而三地退让，压抑自己，告诉她自己根本不想说的话。

现在，小敏想起她的脸都感到一阵紧张。

小敏恨副主任，也恨自己没用，但没办法，不敢得罪她啊！

有时小敏又羡慕她的强势，想做什么就做什么，不像自己整天唯唯诺诺，软弱可欺。这个社会就是弱肉强食，只有这样才能保护自己，小敏也想让自己变强，可惜做不到。

摊上强梁霸道的女领导，在狭小的办公室里四目相对，低头不见抬头见，真够小敏受的。

副主任有很强的后台，有很强的能力，还有很强的个性。相比之下，小敏年龄、资历不如她，背景、能力不如她，脾气倒是比她好——独这一条更要命，叫小敏吃够了苦头。

老被她欺压，又眼见她呼风唤雨，难怪压抑、怨恨的小敏要发出"弱肉强食"的嗟叹，埋怨自己软弱无用，羡慕她的强势为她带来的保障和利益。

也许，她真有可取之处。能跑去跟一把手"闹"加工资，气场确实不一般。但这事能成，离不开"软件"运行——让主任投鼠忌器的后台，更有"硬件"支持——她的高级职称。

她发挥了强势和精明，为自己争取了更多利益没错，却并没妨碍你的利益，甚至你还可能因此受益。假如，小敏，你也有高级职称，你就可以隔岸观火，坐收渔利，小手指也不用动一下。

说到这里，应该反省一下。

害怕考试放弃报名的你，如今有理由振振有词地批评对方？如果你也有高级职称，会不会高度赞扬她？懒散逃避的你，会慢慢变成一颗自欺欺人的酸葡萄。

她是精明的，你也可以有你的"精明"——不用不择手段，只需通过努力为自己创造机遇，获得发展。

再看看最让你受不了的一幕：她"喜欢窥探别人的隐私，打听别人内心的想法"。多可恶，多让人反感，这还不够，她"逼"着你说，直到你开口。

事实是，她每次都成功了——因为她"逼"你，所以你不得不违心地服从。真是这样么？

她有拿刀架在你脖子上？

当然没有。所以，她确实咄咄逼人，但显然不是所有人都会买账。

那个被她讥讽为"哎呦喂，还保密呢，有什么大不了"的人就没有。

你为什么要买账，用背叛自我的本钱来买账？

因为你怕得罪她。因为你怕受尴尬。因为你怕坏了关系。因为你怕被伤害。

到头来，你还不是伤痕累累？

有人会从施虐中获得快感，满足控制欲，填补内心的缺失（比如没有孩子），所以肆无忌惮地伤害他人。她也许是这样。

但伤你的，不止她，还有你自己。甚至，你才是主谋，她不过是帮凶。

是你为了求和，自愿做出决定，让她有机会一再伤害你。怕事退缩的你，没有守住自己的疆界，一味割让，对方又怎么会不扩张、不侵犯？

可是不这么做，该怎么办呢？

让你像她一样攻城略地，你做不来，而且强敌当前，你也斗不过。放心，我不主张任何人与人为敌，剑拔弩张只会两败俱伤。

她是强势的，你也可以有你的"强势"——只需把握心理疆土，用对战略战术，击退来犯。

其一，要明确，你不想说的就可以不说，尤其是私事。她有她打听的权利，你有你保留的权利，并不冲突。

其二，你无须为了讨她高兴而让步，你不可能做到永远让某个人满意，对方反而会因此变本加厉。

其三，不要低估对方的承受力，她可能不快，但未必会大发雷霆，更不会生吞了你。

其四，不要小瞧自己的抗压能力，你现在承受的就不少，也没有引发灾难性的后果。

其五，人的适应性很强，你适应了现在的她，她也能适应今后的你，你只要重复自己改变后的新行为就行了。

具体来说，怎么回答她那些问题呢？

可以老实作答，不带情绪，无视话语当中的挑衅，让她无趣。

可以反问、笑问她"你真那么想知道呀"，让她无语。

可以阳奉阴违，夸她消息灵通，而且又关心他人，让她尴尬。

可以装作好奇，还治其人之身，问她同样的问题，让她失措。

可以客观中立，拥有自己的见解，不冲撞、不迎合，让她失望。

——推荐使用第一条和末一条，我自己最常采用，因为既有鲜明的自我，又最少攻击性，举重若轻，御敌千里。

答毕，她也许会攻击你一句刺耳的话——反过来，这正意味着她的被动和受挫。

她是自我的，你也可以有你的自我，也只有拥有明朗、坚韧的自我，适度地展现它，你才不会压抑得窒息，恐惧得想逃。

这个世界适者生存，弱肉不绝对等于强食，猛虎濒临灭亡，蚂蚁却很茁壮。与其强势去侵犯他人，不如自强地完善自我，"想要什么都能得到"的她也有左右不了他人的评价，得不到由衷欢迎的时候。

来吧，做回你自己。如果原来的你不够好，现在就开始塑造你自己。

6. 过年单身批斗会

嘉兰是春节前来咨询的，她说自 25 岁以后，她就越来越怕过年。

嘉兰的故事如下：

去年一年，比我小的两个姨妹也都结婚了，同辈的七个孩子就剩我一个还没主。一到过年，就像过堂一样，每个亲戚都不约而同地轮流来问我终身大事如何如何，好像就没有别的话题了。

我妈更是长吁短叹的。

她们有时在一起窃窃私语，看见我来就不开口了，装得没事人一样，一副小心翼翼的样子——其实我知道她们在谈什么。有时候，她们又语重心长地想要跟我促膝谈心，仿佛我是家里最不成熟，最不懂事，专门让人操心的麻烦人物。

所以，这些一想起来就觉得反感，甚至反胃。

我不是不懂事，我晓得这都是关心，典型的中国式家庭和中国式关心，但我不领情，也不需要他们同情——批斗会似的场面，被告似的身份，还有这些自以为法官的三姑六婆，让我觉得窒息。

我觉得无地自容，好像做了什么见不得人的事，或者自己有什么奇怪的问题。我觉得自己太失败了，有一种深深的无力感。

毕竟年龄不小了，我承认自己也变得很敏感，有时别人随便一句话也会让我听得刺耳，比如什么"快点给我们吃喜糖"之类的话，连邻居都来问。

这些好事者真讨厌，他们不知道尊重的含义么，还是根本觉得我是个不需要被尊重的人。

说实话，我表面上满不在乎，其实也渴望爱情，可惜相亲无数，就遇不到一个对的人。

最近我不免在想，也许应该随便找个人嫁了，让家人满意——不管遇到怎样的人，就是他吧，反正我也找不到幸福了……

说到春节，就想到一大家子团圆，但这个场面对人生大事还没着落的年轻人可算一场灾难。平时只面对父母就感到难以招架，此刻却要应对众人的目光与询问，成为"众矢之的"，压力简直是以几何级数的方式增长。

嘉兰的遭遇和感受很典型——被一群人团团围住，以关心、爱护的名义"被审判"，几无招架之力，敢怒不敢言的场面，想必一到春节就会在很多寻常人家上演。

嘉兰当然也知道，这种关心通常是善意的，其中也有一部分出于社交礼貌，比如"别人随便一句话"，比如"连邻居都来问"。

　　但无论关心的性质如何，其中都隐含对当事人社会形象与能力的评价。换言之，关心背后有着狭隘的价值观——结婚是正确的，正常的——也就是对单身的你的社会形象的否定，能力的质疑。

　　从嘉兰的立场看来，这样的关心不仅是种否定，而且是侵犯——侵犯当事人外在的主权和内心的安全感。何况说者无心听者有意，当事人其实是最在意的那个——不怪嘉兰听来刺耳，自觉失败，对这些好事者心生反感。

　　除了对外的抵触，还有内在的纠结。

　　嘉兰心里恐怕觉得自己给父母添了很多烦恼，所以才觉得别人看自己像"家里最不懂事，专门让人操心的麻烦人物"。这是典型的心理投射，嘉兰怎么想，就觉得事情是怎样。然而她不愿承认这样的感受，内疚、羞愧便转化为更强烈的厌烦、愤怒。

　　年过完了，"法官"卸任了，"批斗会"散场了，压力却留下不走了。在被告席上待久了的嘉兰既愤怒，又沮丧，就说："也许应该随便找个人嫁了，让家人满意……"

　　在工作中，我不止一次听到这样的言论，甚至我生活中的好友都栽过这样的跟头。

　　家庭的期望，社会的眼光，自身的焦虑，以及不容乐观的现实，一重重压力叠加在一起，会让人有多灰心、失望，我明白。我不认同嘉兰的想法，但我真的明白她为什么会这样想。

　　父母和亲友出于好意，过分关注，过度干预，往往会犯越俎代庖的失误——结婚仿佛不再是年轻人自己能够决策的人生大事，而变成他人强加的任务。如果任务不能如期完成，当事人就成了对不起家人，对不起家族的罪人。

如此一来，为逃避巨大的社会压力，真正的主角自暴自弃，沦为配角，产生为父母而结婚、为结婚而结婚的消极念头，以至付诸于行动。

无论多么疼爱，无论多么担心，家人都要明白婚姻是当事人自己的事，旁人只是参谋的角色。压力太大，会导致不负责任的做法，而给予空间，学会"让位"，将对婚姻的控制权和选择权移交给孩子，才能引导其认真思考，勇于承担，郑重选择。

当然，我们的家人都是普通人，很难做得那么恰如其分，恰到好处——这出好戏，还得主角上场。

"随便嫁个人"解决不了问题——最大的好处是可以逃避眼前的麻烦，代价则是后患无穷。这个办法目光短浅，舍本逐末、轻重不分。若真有人这样做了，那时，也真就只有 TA 独自承担了。

说到底，婚姻是自己的事，不是满足他人的任务（不要拿这当作不负责任的理由），没有人需要你这样牺牲。何况，也满足不了，除非你的家人只图你有个丈夫，不问你是否幸福。

试想，等到你婚姻失败，是否可以欣欣然归罪于当初给你压力的家人，然后豪迈地仰天长笑？你的"自我牺牲"其实是为了满足自己惧怕负责，想要逃避的软弱。

面对问题，回避只会让当事人更焦虑、更脆弱。不必装作满不在乎——这样的态度意味着你无法正视，无力应对自己的困境，只会让挫折感更深，同时还会让他人误解你幼稚无知，不负责任。

反倒是，大大方方地对内、对外承认客观事实（我年龄是不小了，我也有点着急呢），拿出积极自主的姿态（有合适的请给我介绍，我也会尝试扩大人际圈），做回你人生的主人（调整择偶观，认真交往，不贸然结论）——这样的你，心态好、姿态好，会让家人更放心、更信任，会赢得更多肯定，争取更大空间。

有了空间，有了自信，就有了掌控力，你离把握幸福就会更近。

嘉兰，你是主角，这出人生的精彩，你来。

7. 遭遇"豆浆男"

做心理咨询，偶尔会遇上有趣的事，比如小茶来咨询的时候，我心里一直想笑。

不是嘲笑，是真觉得这件事有点意思。

小茶描绘了自己遇到的一个"豆浆男"。

去年圣诞节，亲戚介绍我认识了一个男孩，我们同岁，都刚工作不久。他在一家建材公司上班，月收入不到 4000 元，论条件基本和我相当，彼此印象也不坏。虽然交往时间不长，不算相亲那次，他已经约过我五次。

他人不讨厌，有时还挺有意思的，也不是那种太有城府的。就有一点，我觉得他这个人很小气。

第一次相亲是在茶楼的包厢里，一共有六个人，他表现还蛮大方，点了不少花茶、小吃和果盘，还给我单独点了饮料和冰淇淋。

接下来的约会，四次都是去看电影。每次看电影前，他来接我，都跟我去我单位附近的永和豆浆店吃晚饭。每次他也都先问我想到哪吃，我说随便，他就"永和"了，好像一点儿也没注意到我的感受，我也不好多说什么。

开始两次，我很奇怪他干吗老去"永和"，也问过他，结果他回答：离我单位近，不耽误看电影。说到看电影，明明在影城附近也有很多店，比如牛排西餐、海鲜自助、韩国烧烤，想快一点，也可以吃日式拉面或者麦当劳呀。

虽然我确实说过爱喝豆浆，也不用每次都喝吧？我觉得他每次都去"永和"，就是因为花钱有限，如果到电影院附近就不好选择了。

此外，五次约会里，唯一一次——没有看电影的那次也让我很不高兴。之前他发短信告诉我，他研究生考试过关了，我就回短信说：下次我请客为你庆祝。结果那次吃饭没去"永和"，去吃了西餐。

吃完了，他问我：谁买单啊？我当时就愣住了，他还真问。不过最后他可能看出我的态度了，还是他付的钱。

闺密给他取了个外号叫"豆浆男"，还评论说，一个好男人绝对不会这么小气，这么不顾女人的感受。我并不是在乎钱，只是担心他是个自私的人，我很犹豫是否应该和他继续相处。

原谅我，在听小茶叙述的时候，我一直在心里笑，虽然完全明白小茶的感受，但我眼前始终有一个场景：一个犹疑、烦恼的小姑娘和一个浑然不觉的小伙子，相对而坐，一人面前一杯豆浆。

两杯豆浆少了点——在二线城市中式快餐店，一顿普通的两人餐大概要 40 块上下。判断是否小气，要有事实依据——我们先做件呆事，算算账，小伙子到底花了多少钱。

不算茶楼相亲那次，你们见了五回面，圣诞节至今有 20 天。假设两个人吃一顿饭 40 元，看场电影 120 元，加起来 160 元，四次约会一共 640 元。还有一次吃西餐，凑个整数算 800 元。比较保守地估计，20 天花费 800 元，一个月就是 1200 元。

他刚工作不久，假设月工资 3600 元，那么，在恋爱伊始，他要付出 1/3 的收入来经营感情。可惜的是，他还没能讨好女朋友，反而被认为为人小气，不顾他人——这钱，算是白花了。

按照惯例，在恋爱初级阶段，男孩都要花费一定的金钱，而这种"投资"属于高风险——不能指望保底和固定收益，最常见的是竹篮打水一场空。

若初战告捷，接下来在恋爱进行期间，需要持续投入。最终，胜利在望时，还要有一次最大力度的投资——男孩通常要负担大半的结婚成本。别忘了，早在最初，男方的物质条件就要被女方考察和评估。

综上所述，一个男孩的经济实力意味着婚姻市场的竞争力，既不能不"大方"，又不能太"大方"。

如果他恋爱时惯于大手大脚，为自己、为女友不"月光"不罢休，他有面子了，你也有面子了。往远了看，婚后，他的收入就是家庭的经济来源之一，他的积蓄就是家庭资产的一部分，他现在花的银子，可能就是你将来家里的底子，他现在的消费习惯，可能就是你将来家庭的财政危机——你又该闹心了。

我相信，你一点都没想到这些——毕竟你不是男孩，没有切身体会。你也不是主妇，没有理财心得。我呢，我可是整天听到他人的心声，有多少小伙子跟我诉过苦呀，有多少女主人跟我抱怨老公呀。

关键在，钱花得多不等于情用得深，你也不会因此多爱那个人一些。不然，我们岂不是应该最爱那个花钱最多的人？

豆浆很便宜，却有益女性。"豆浆男"呢，也许，某种意义上异曲同工。

看得出你是个好姑娘，在乎的不是钱，是对方的品质。怎么才能准确评估对方是否小气、自私呢？

——不难，下一次，你说，今天我们去吃日本拉面吧，离电影院很近的。或者说，我想去牛排店，要是来不及就看下一场电影好吗？如果他立刻说，好啊，走！你大可以放心，他很尊重你的意见，希望你开心，也并不怕多花点钱。

反观现实，他每次都征求你的意见，你每次都说随便，从来没有表示异议。甚至还有一回，你主动提出要请客为他庆祝研究生考试通过。结果呢，你花了别人的钱，吃着不想吃的饭，质疑对方的人品，埋怨他"一点也没注意到我的感受"，对自己说的漂亮话却压根不打算兑现，还一直犹豫是否要继续相处。

想过么，你为什么"不好多说什么"，又为什么要主动请客——因为，你很想给他留下贤惠、懂礼、善解人意的好印象。你还担心他认为你不够矜持，或者是个物质女郎。结果呢，你塑造出的形象不是真实的你，你心里可不这么平静。

我是女人，我懂。你希望，自己不用开口，对方就能明白你的需要，恰到好处地满足。

对方呢，很简单，他希望满足你，所以你说什么，他就信什么，做什么。他听到的是你说爱喝豆浆，你说随便，于是他认真执行你的意愿。他听到的是下回你来请客，所以实诚地问你谁来买单（问，代表他也犹豫，不知你是否真有此意，担心自己误会，破坏关系——不过，这小子不大精明，缺乏社会经验）。

假如他真能了解你曲折的心思，恐怕要吓一跳：乖乖，这女孩真复杂，口是心非，太难伺候。他还会想：她这么物质，拿钱衡量感情，看来不好相处。

你一定觉得六月要飞雪了。

他冤枉、误解你了么？还是你误以为男女不该平等，女人生来要被呵护，男人活该供奉女人？

这么想，只会把我们女人变得娇气、矫情、虚荣、浅薄，对身边的男人求全责备，最终让他们拂袖而去。

你的朋友说得对，好男人不会自私得不顾女性的感受——除非他弄错了你的需求。想要他正确解读，最好的办法是，你需要什么就说什么，只要不出格，不要强加于人。

这么做，至少有三个好处。一是你可以用正面的方式了解对方，少走解读的弯路；二是你们的相处会比较轻松、自在，不用言不由衷，猜来猜去；三是你自己可以得高分——和大方、坦率的姑娘交往，谁不愿意呢？

要知道，好女人不会只顾自己的感受。

8. 一个人的世界末日

寒江雪是政府机关的职员，他的案例很经典。他进入咨询室坐定后，第一句话就开宗明义：还有 10 天，是 2012 年 12 月 21 日——世界末日。

寒江雪说，自己从未和任何人真正交流过这个话题，包括家人，如果不是还剩下最后 10 天，他也不会以这样的方式说出口。

他是机关干部，应该是无神论者，可他并没有那么坚定。也许一切都因为，他怕死。

寒江雪的语调很低沉，说很多人都说自己不怕死，他觉得他们是没有认真考虑过死，只是随嘴说说，如果死真在眼前降临，有多少人还有这样的底气——他自己反正没有。

不仅没有，而且也绕不开这个问题。

我问他是不是曾经遭遇过死亡。他说没有，但仔细想想，记忆和生活中，真有不少与此相关的事。

大概三四岁时，是奶奶带他。他比较调皮，晚上不睡觉，奶奶吓唬他说夜里有鬼怪出来抓小孩，把小孩抓去会吃掉，他就吓得不敢闹了。

5岁左右，奶奶回老家，他一个人睡一间房，灯一关就哭，不敢睡觉。后来父母没办法，就一直给他开一盏灯，到他十多岁才渐渐不怕关灯睡觉了。

上小学五年级的时候，他同桌是个女孩，总爱笑，成绩也不错。忽然有一天她就不来了，说得了什么重病。后来她又来上学了，只是少了一条腿，听说是锯掉的。又过了一段时间，她病情恶化又回家了。期间他还曾经代表班级看望过她，给她送课本。

她一直都很坚强，寒江雪以为她会好起来，没想到那之后很快她就走了。听说她另外一条腿也被锯掉了，可还是没能活下来。最后全年级同学都去送她，记不得什么原因，他没有去。

从此，他对疾病有一份莫名的恐惧。这件事过后寒江雪很少去想，现在认真回想，才发现它真的对自己很有影响。

初中时奶奶去世，那时他上学没回老家，倒不怎么觉得怕。

高中时，有一天看一部电影，情节都记不清了，总之演到死亡的镜头，当天晚上他就开始觉得不舒服，头脑里老在想，自己会不会死，会不会一觉睡下再也醒不过来。

就这样不分昼夜，他不断地想，停也停不下来，每天都很痛苦，担惊受怕地过了大半年，感觉才淡了下去。

从那以后直到前一段时间，他没有特别困扰过，但他心里知道自己总是忌讳死，总不像别人那样活得洒脱。

最近，世界末日的报道越来越多，网上全是各式各样的消息，好像有扇门一下子把寒江雪心里的恐惧又打开了。

他已经连续两周睡不着，白天还要打起精神上班。他是个追求完美的人，不容许自己出错，所以人绷得非常紧张，整日惶惶不安，也无法对任何人说。

他忍不住上网看，看得很仔细。虽然主流媒体都在辟谣，但并没有拿出有说服力的证据，而消息一直层出不穷，很多地方的人都已经离开家，跑到高山上住在帐篷里。还有人囤积食品、生活用品，超市里这些物品被抢购一空。

寒江雪想，如果世界末日是真的，一定有知情人，那些最有权势的人或者富豪一定已经做好了准备。

他周围的同事们也在讨论这事，似乎大家都很相信，他不清楚他们是否也在做心理准备。所在的城市还比较平静，寒江雪总犹豫要不要买些物品储存起来，可是他知道家人并不相信。

其实，人都有一死，真要死也躲不过去，寒江雪只想和家人在一起。但偏偏在世界末日当天，单位里安排他主持一个大型会议，根本走不掉，也没有人能替换他。他有几次想找领导告假，但想不出用什么理由。

想到将要到来的一切，他感到非常恐惧，非常不安。

我想说，如果真有世界末日，告假还需要理由么？或者，根本不需要告假——届时，一大波人会在街上抱头鼠窜。

你还在想理由，说明你并不肯定末日的降临，如果不来多被动——为了继续体面地过活，理由是现实生活中必备的挡箭牌。

在想象中飞跑的我，绝对没有丝毫嘲笑你的意思，因为我并不能肯定末日一定不会光临。

这样，我们达成基本共识：末日来不来，闹不清。

末日暂且搁下，让我们先倒带，倒回你记忆的开始。

三四岁时，奶奶的吓唬给你幼小的心里投下了恐惧的阴影，从5岁到10多岁，睡觉不关灯虽然缓解了你的恐惧，实际上也强化了它。接下来，小学女同桌因病夭折，使你受到很大冲击——还没有思辨能力的你，对疾病的凶猛，对命运的无常，留下了持久的负性情绪记忆。

这些遭遇不能算罕见，也并非只有你经历，但确实对你发生了作用，多与你基本的气质、性格有关，就像化学反应。

但这恐惧暂时还"蛰伏"着。

高中时看到的电影镜头，仿佛是个开关，开启了你深埋的恐惧，它迅速生根发芽，让你一夜之间陷进强迫思维的深坑。

这是压力滞后型的临床表现——早年记忆在当时作为潜在的模糊观念积存起来，后来类似事件出现时，被激活并赋予了新的意义，模糊观念明朗化，于是再次发生效用，形成压力源。简单说，就是"唤醒"。

你的性格追求完美，在意他人的评价，内敛易感，焦虑不安，常常对未知的将来"提心吊胆"，所以发生焦虑综合征（焦虑、惊恐、恐惧、强迫等）的可能性较高。

以上，是对你一系列记忆和感受的解读。

还需要补充的，就是我们人类的终极恐惧：死亡。

死，是一切恐惧之源。怕死，则是人之常情。嘴上说不怕死，皆因死亡未近在咫尺，死到临头而不惧怕的人微乎其微。

恐惧症患者总是害怕特定的对象（人、物品、场所），其实是怕受伤害，而受伤最坏的结果，无非就是死亡。

人们怕看恐怖片、灾难片，实则是怕面对死亡；人们爱看恐怖片、灾难片，实则是在安全地释放内心的恐惧感。毕竟，它无处安放。

周围人对世界末日的议论（不乏调侃），也是同理。不然，假如大部分人都和你一样惶惶不可终日，你的同事已经纷纷告假，你的家人不会无动于衷，你所在的城市也不该平静如常。

反过来，也有和你心境、看法类似的人，弃家登高，倾财囤物。更有甚者，造出各式各样的"方舟"，以期逃过传言的灭顶之灾。

世界果真末日，恐怕在劫难逃，不管你我跑得多快，也只是身体的本能反应。

或者，它只是传闻。

像 1999 年的诺查丹马斯预言，它和 2012 年的玛雅预言，是两大著名的末日预言，但两者正好是一对悖论，有你无我。

我从小就喜欢读关于各种神秘现象、未解之谜、湮灭文明的书，没有研究也有了解。玛雅文明至今没有得到全面精确的解读，所谓世界末日只是对玛雅历法的一种推论，并无确凿根据。

对这种推论信以为真的人们，大多对此一知半解，道听途说。从心理学认知角度来看，属于典型的主观臆测。

心理，就是对客观世界的主观映像。

魔由心生，相由心生。

现在，我们能否达成新的共识：面对"世界末日说"，你心中未能化解的恐惧再次苏醒，不得安宁。重新获得安宁，不在于消灭末日，在于直面内心……

如果末日将至，那么，把每一天当成最后一天去珍惜，去体味。

如果末日还远，那么，把每一天当作第一天去经历，去领会。

死亡，也许没什么好处，但它使"活着"更加鲜艳动人。

后　记

　　很多次，被问到为什么要写。

　　我认真想过，名，我自然喜欢，但肯定没有爱到要排在第一，甚至，我疏懒得很，有明确的逃避行为。多大的名，也就是别人饭后嘴里咀嚼的一个人名。这个夏天你或许靠空调之父卡里尔续命，但谁管他人生其实如何。

　　利，那是活见鬼，有多少人因为写作发财了——如果多，你周围一定全是作家，就像满街的服装店和饭馆，以及各种铺天盖地、昙花一现的行当。无利不起早，人之常情。我咨询费 300 元 / 小时，写一本书要几百个小时——绝对来看，已经蚀本。

　　但这不妨碍我希望有更多人能买我的书，读我的书，收藏我的书，越多越好，多一个也好。我很贪心。

　　为什么要写，因为希望有人读。

为什么希望有人读，因为想要表达自我，想要对他人有用。

自我表达，是为了自己，对他人有用，归根结底还是为了自己——被用滥了的马斯洛需求层次理论告诉我，我在向顶层"自我实现"匍匐前进。

反过来，也许证明我非常幸运，顶层之下的四个层次（生理、安全、情感、尊重）都已经满足。正过来，却说明，我像正常人一样贪婪。

就是这样不知足的我，怀揣着做心理咨询师的梦想，做作家的梦想，然后，居然都实现了。

实现了的梦想一点都不好玩，你要面对所有你不喜欢的，和目标本质无关的部分。

比如，做一个职业咨询师，要面对门可罗雀的窘迫，将信将疑的尴尬，讨价还价的无奈，赊欠赖账的辛酸，全情投入之后的被践踏。相比起来，咨询内容的黑暗，咨询者的花式阻抗，案例本身的高难算是风轻云淡了。

比如，做一个票友作家，要面对商业市场的功利——出版规则的挤压，网络打榜的暗流，写得好无关卖得好。相比起来，写作本身反而是最容易的一件事。

所以，我知道，如果我不能耐住寂寞，难以管理情绪，惧怕直面人性，抗拒接纳自我，就没有机会用 11 年积累 7500 小时的咨询时间，更没有机会呈现出你在读的这本书。

所以，我知道，如果我不抛头露面，不把自己搞成网红，不按规则出牌，就不会有人知道我的书，更不会去买去读。那些印刷出来的文字，过七八个月时间，就会从各地运回仓库，重新变成纸浆。

正是那些糟糕的部分铺就了通往梦想的路。

不能绕行，没有捷径。

梦想最美妙的时刻，存在于想象中。

如果要毁灭一个梦想，就去实现它。

至少，它变现了。

现实总不那么好玩。

接受现实，却是成为强大的必然。

具体说到这本书，它提取了我前 10 年执业经历的一些点和线，不能组成面，但可以了解端倪。个中案例都是真实的，少量做了合并，只有咨询者的个人信息不准确，都有不影响内容的更改。

对普通读者来说，这是心理咨询的科普，日常生活的思路。

对深受困扰的人来说，这是打开心门的钥匙，内观自我的镜子。

对有咨询师证书者，这是鲜活案例的汇总，技术实操的样本。

我愿意读者当它是一本实用心理手册。

其实我狡猾地加入了几篇关于自己的散文，也是自我成长史的片段，供读者八卦，窥视咨询师真实的、不那么美好的主观世界，同时满足自己票友作家的用户体验。

我更乐意读者当读它是和我对话——放心，我没什么优越感，不会居高临下。

　　这辈子最好的我，只是个残疾的千手观音，平时我基本上是被兔子远远抛下的乌龟，如前所述，做着一大堆想要逃跑却不得不住脚的活计。比如眼下，迫于编辑富有责任心的多次追讨，凌晨一点，我在成都青城山上写最后这些字儿，身边是熟睡的爱人和孩子。

　　这样的我，相信买书的你不亏。

　　如果我一直健在，我们还会再见。

　　书里见。

朱佳　2016 年 8 月 15 日凌晨